W0064047

Bernd M. Samland
Übersetzt du noch oder verstehst du schon?

Bernd M. Samland

Übersetzt du noch oder verstehst du schon?

Werbe-Englisch für Anfänger

FREIBURG · BASEL · WIEN

© Verlag Herder GmbH, Freiburg im Breisgau 2011
Alle Rechte vorbehalten
www.herder.de

Umschlaggestaltung:
Agentur R·M·E Roland Eschlbeck und Rosemarie Kreuzer
Umschlagmotiv: © dpa Picture-Alliance

Satz: Layoutsatz Kendlinger Mediendesign, Freiburg
Herstellung: fgb · freiburger graphische betriebe
www.fgb.de

Gedruckt auf umweltfreundlichem, chlorfrei gebleichtem Papier
Printed in Germany

ISBN 978-3-451-30417-0

Inhalt

Zunächst ein wenig Werbung

Werbung will letztlich immer nur das Eine: Sie will verkaufen. Das ist legitim, denn dafür ist sie da. Und weil das so ist, darf Werbung sehr vieles: Sie darf verführen und begeistern, sie darf erklären – und bestenfalls auch überzeugen. Dafür setzt sie Bilder und Personen ein, Musik und Farben und manchmal sogar Düfte. Basis der Werbung aber ist und bleibt in allererster Linie die Sprache.

Um diese Sprache und ihre wunderlichen Kapriolen – oft zum Lachen, manchmal aber auch nur noch zum Heulen – soll es hier gehen. Denn was passiert eigentlich, wenn Werbung nicht mehr verführt, begeistert oder erklärt, sondern wenn sie nur noch verwirrt? Wenn merkwürdige Formulierungen in Englisch, Denglisch oder in sonstigen – meist missverständlichen – Sprachen den Konsumenten eher verunsichern als informieren?

Aufklärung ist geboten, Hintergründe sollen geschildert werden, die Wahrheit enthüllt über die Wirkung einer Werbesprache, die häufig falsch eingeschätzt wird. Ich kenne beide Seiten; seit über zwanzig Jahren mache ich selbst Werbung, untersuche aber auch regelmäßig das Verständnis – insbesondere englischer Werbung – in Deutschland. Die daraus gewonnenen, häufig überraschenden und äußerst amüsanten Erkenntnisse bilden die Grundlage dieses Buches.

Allein schon deswegen keine Sorge: Weder ein erhobener Zeigefinger noch Rechthaberei sollen dabei eine Rolle spielen, und ich bin auch gar nicht für oder gegen eine bestimmte Sprache, sondern möchte einfach nur zeigen, wie auch hoch bezahlte Experten in – zugegeben höchst komischer Weise – irren können, wie Marktforschung ad absurdum geführt wird und wie einige bekannte Marken letztlich ihre eigene Werbung nicht mehr verstehen. Doch wie komme ich dazu?

Wie alles begann

Es war im Jahr 2003. Ein bekanntes mittelständisches Unternehmen, das lieber nicht genannt werden möchte, bringt wieder eine neue Generation seiner Heizkörper an den Start. Nun wird gemeinsam mit der betreuenden Werbeagentur darüber beraten, wie man die Vorteile der neuen Produktlinie mit schönen Worten bewirbt. Von vielen Vorschlägen landen schließlich drei in der Endauswahl und zwar:

♦ die „superior executive line"
♦ die „advanced category"
♦ die „executive challenge line"

Da man sich nicht entscheiden kann, wird ein Marktforschungsunternehmen beauftragt, herauszufinden, welcher der drei Sprüche beim Kunden am besten ankommt. Bei einer Befragung im Rahmen einer sogenannten Fokus-Gruppe mit fünfzehn potenziellen Kunden (in diesem Fall handelte es sich um Handwerksmeister aus dem Installationsgewerbe) zeichnet sich schon ein klares Votum für die „executive challenge line" ab, als etwas Ungeheuerliches geschieht. Einer der gestandenen Handwerksmeister fragt: „Was heißt eigentlich *executive*?" Plötzlich ist es mucksmäuschenstill im Raum, und alle Köpfe wenden sich dem Fragenden zu. „Das weißt du nicht?", fragt sein Sitznachbar ungläubig. „Nein, was heißt es denn nun?", erwidert der Angesprochene. Die Stille im Raum weitet sich aus, bis jemand von gegenüber antwortet: „Das heißt staatlich oder so; jedenfalls gibt es eine Exekutive und die hat etwas mit unserem Staat zu tun." Jetzt mischt sich der Nächste ein: „Eine staatliche *challenge*? Was heißt eigentlich *challenge* genau?"

Keiner der fünfzehn Handwerker, drei davon immerhin mit Fachabitur, konnte den Spruch so übersetzen, wie er von der Werbeagentur gemeint war, nämlich als „die führende Herausforderungslinie", wobei ein Kommentar über die Sinnhaftigkeit dieser Zeile wahrscheinlich auch eher in einer gewissen Ratlosigkeit mündete.

Kein Wunder, dass das Verhältnis zwischen Agentur und Auftraggeber etwas zerrüttet war. Damit aber der Auftraggeber, der sich ausdrücklich einen englischen Spruch gewünscht hatte, das Gesicht wahren konnte, wurde nicht etwa auf Deutsch umgestellt, sondern einfach auf jeglichen Spruch verzichtet. Auch so kann Werbung funktionieren.

Allerdings gab dieses Ereignis für mich den Anstoß, die fremdsprachliche Werbung in Deutschland genauer unter die Lupe zu nehmen. Wer versteht was? Das war die Kernfrage mehrerer, inzwischen sehr bekannter Studien, bei denen seit 2003 regelmäßig insgesamt über dreitausend Menschen zu verschiedenen Werbesprüchen befragt wurden. Die erstaunlichen Ergebnisse der nach der ausführenden Agentur benannten „Endmark-Claimstudien" liefern eine der Grundlagen dieses Buches.

Slogans, Claims & Taglines: Die Sprache der Werber

Slogan, Claim und Tagline, was heißt das alles? Bevor ich gleich zum Wesentlichen komme, will ich noch kurz erklären, was man unter einem Werbespruch versteht und welche Unterscheidungen existieren. Eigentlich könnte man mit Werbespruch alles bezeichnen, was an geschriebenen und gesprochenen Texten in Werbeanzeigen, Fernseh- und Radiospots, auf Plakaten, Prospekten, Verpackungen, gewerblichen Internetseiten und sonstigen zu Werbezwecken erstellten Medien auftaucht. Das folgende Kapitel beschränkt sich aber auf die Kernbotschaften bekannter Marken, die sich über einen längeren Zeitraum in Deutschland an Endverbraucher und -verbraucherinnen richten oder gerichtet haben.

Der Werbetexter spricht in der Regel von einem „Claim" (engl. Behauptung, Anspruch), wenn er eine werbliche Kernbotschaft meint. Wir kennen den Begriff aus dem amerikanischen Western, wo man ein Gebiet „beansprucht", indem man „seinen Claim absteckt". Die populären Medien benutzen häufiger den Begriff „Slogan". Dieser Begriff stammt ursprünglich aus der schottisch-gälischen Sprachwelt. Dort bedeutete „sluagh-ghairm" so viel wie „Kriegsruf", aber auch „Sammelruf" der jeweiligen Clans.

Die Begriffe *Claim* und *Slogan* werden heute teilweise synonym verwendet, wenn es auch Nuancen in den Bedeutungen gibt. So ordnet der Experte Slogans häufiger der direkten Kundenansprache und den Werbeüberschriften zu, während der Claim eher den strategischen Kerngedanken einer Marke ausdrücken soll, der meist eng an den Markennamen angebunden wird. Ein solcher Claim wirkt immer positionierend, er soll zur Bildung des gewünschten Images beitragen und die Marke von anderen unterscheidbar machen.

Der Experte differenziert weiterhin zwischen sogenannten „Corporate Claims" oder „Marken-Claims", die sich auf die gesamte Marke beziehen, wie zum Beispiel *„Das Beste oder nichts"* für MERCEDES-BENZ, und Produkt- oder Kampagnen-Claims, wie *„Mercedes, frei interpretiert"* für den Mercedes-Benz GLK.

Claims können ganz unterschiedliche Inhalte transportieren: Informationen, Missionen und Visionen, mit oder ohne direkte Kundenansprache, und sie können sowohl als Statement, Frage oder Aufforderung formuliert werden. Bei reinen Statements, wie etwa *„Das Auto."* bei VOLKSWAGEN, sprechen einige auch von „Taglines". Der Begriff kommt von „tag" (im amerikanischen Englisch: das Kennzeichen, das Etikett). Da aber alle derartigen Fachbegriffe nicht immer trennscharf unterschieden werden können, kann, wenn im Folgenden von „Werbespruch" die Rede ist, sowohl ein Claim als auch ein Slogan oder eine Tagline gemeint sein.

Doch nun geht's endlich los!

Where is the beef? – Englische Werbesprüche auf dem Prüfstand

„Where is the beef?" (Wo ist das Fleisch?) – diese Frage stammt aus einem berühmten amerikanischen Werbespot für die Fastfoodkette WENDY'S aus dem Jahr 1984. Und der ging so: Eine ältere, etwas verschrobene Dame stand vor einem riesigen Hamburger, nahm das gewaltige Oberteil des Hamburgerbrötchens ab und entdeckte dort ein winziges Stück Fleisch. Mit krächzender Stimme rief sie mehrfach aufgebracht: „Where is the beef?" Dieser Werbespot schlug ein wie eine Bombe. Und sehr schnell wurde der markante Satz der älteren Dame zum Synonym für die Frage aller Fragen: *Wo ist die Substanz?* Insbesondere dann, wenn man hinter großartigen Verpackungen – die auch in Form großer Worte daherkommen können – kaum mehr als heiße Luft vermutet. Also, where is the beef bei den englischen Claims und Slogans, die hierzulande kursieren? – 75 Werbesprüche sollen dazu Rede und Antwort stehen, und unsere Frage wird zu teilweise frappierenden Ergebnissen führen, die im Folgenden – nach Branchen geordnet – erläutert werden. Immer wieder unterbrochen von kleinen Zwischenkapiteln, die weitere Perspektiven in die Abgründe unserer Werbesprache eröffnen.

Autos und Zubehör –
Abfahren auf Englisch

Des Deutschen liebstes Kind ist bekanntlich – den Fußball einmal ausgenommen – immer noch das Auto. Und gerade deshalb ist das Auto ein äußerst emotional besetztes Thema und hat auch in der Werbung schon einige Sprüche hervorgebracht, die zu regelrechten Klassikern geworden sind. Bisher waren diese Klassiker meistens in Deutsch formuliert, und sie reichen von *„Er läuft und läuft und läuft"* (VOLKSWAGEN 1962) bis hin zu *„Nichts ist unmöglich"* (TOYOTA seit 1985). Inzwischen gibt es bei den in Deutschland angebotenen Automarken deutlich mehr englische als deutsche Werbeclaims. Von den bekannten Importmarken ist derzeit nur TOYOTA bei seinem deutschen Spruch geblieben. Grund genug, einige der englischen Sprüche näher zu betrachten.

FEEL THE DIFFERENCE
ODER: WIE UNTERSCHIEDLICH SIND AUTOS
HEUTZUTAGE?

FORD, eine der bekanntesten Automarken der Welt, produziert schon seit 1927 auch in Deutschland Automobile für den deutschen und europäischen Markt. Dabei zeigte sich FORD sehr der deutschen Heimat verbunden; denken wir an die bekannten Automodelle FORD EIFEL (vor dem Zweiten Weltkrieg) und FORD TAUNUS (danach).
Auch die weitaus meisten Sprüche für den deutschen Markt lieferte FORD auf Deutsch. Einer der bekanntesten in den Neunzigerjahren lautete *„Ford. Die tun was"* (1996), kreiert

von der Agentur Young & Rubicam. 2001 gab es eine neue Agentur (Ogilvy & Mather) und damit auch einen neuen Spruch, der da hieß: *„Besser ankommen"*. Dieser Spruch hielt gleichfalls nur fünf Jahre, dann wechselte Ford mithilfe derselben Agentur erstmals von Deutsch auf Englisch mit *„Feel the Difference"*.

Für alle, die öfters Englisch sprechen, dürfte die Übersetzung ein Leichtes sein. Aber offensichtlich haben gar nicht so viele Menschen mit dieser Sprache zu tun, denn beinahe die Hälfte (45 Prozent) wusste im Rahmen unserer Claimstudie nicht genau, was nun eigentlich gemeint war. Kaum zu glauben, aber wahr: Stern-TV (RTL) versuchte (in der Sendung vom 13.10.2010), bei einem FORD-Händler in Köln herauszufinden, was *„Feel the Difference"* eigentlich heißt, und mehrere Verkäufer waren – ebenso wie die Dame am Empfang – nicht in der Lage, dazu Auskunft zu geben.

Die etwas ratlosen Befragten brachten unter anderem folgende Varianten ins Spiel:

- Fühle das Differenzial
- Viel Differenzial
- Ziehe die Differenz ab

Nun, ein Differenzial sollte man bei normaler Fahrt gerade nicht spüren. Aber immerhin konnten außerhalb der FORD-Vertretung 55 Prozent den Spruch richtig übersetzen und zwar im Sinne von:

- Erlebe den Unterschied.

Man darf vermuten, dass der englische Werbespruch ein Beitrag zur Globalisierung sein soll, denn auch in England und anderen europäischen Staaten heißt es bei FORD seit 2008 *„Feel the Difference"*, wenngleich die Formulierung alles andere als originell und schon gar nicht einzigartig ist. So findet man auf Anhieb über fünfzig Unternehmen und Marken, die einen sehr ähnlichen Spruch zuvor benutzten und dies teilweise immer noch tun. Die Bandbreite reicht dabei von COTTON USA bis DANONE ACTIMEL in England. Bei MITSUBISHI in England hieß es 2002 *„Discover the difference"* (Entdecke den Unterschied).

Wenngleich sich die amerikanische und europäische Produktpalette von FORD deutlich unterscheidet, steht das Thema Globalisierung bei FORD schon seit Längerem ganz obenan. Das drückt sich nicht nur in der Werbesprache aus, sondern auch in den Modellnamen. Diese waren früher klar bestimmten Sprachen zuzuordnen:

TAUNUS	– deutsch
CAPRI	– italienisch
ESCORT	– englisch
FIESTA, SIERRA, GRANADA	– spanisch

Das änderte sich spätestens 1993 mit der Einführung des Modells MONDEO. Dieser Name war keiner bestimmten Sprache mehr zuzuordnen. Er entstammt einer Mischung aus Französisch, Italienisch und Latein und sollte übrigens keineswegs mit *„Mein Deodorant"* übersetzt werden – was durchaus passieren könnte. Vielmehr ist es eine Anlehnung an „le monde" (frz. die Welt) und „il mondo" (ital. die Welt) und soll eben für das „Weltauto" stehen.

Daraus scheint sich aber auch eine Art Identitätsproblem zu ergeben. Der Verbraucher und die Verbraucherin wissen so gar nicht, woher das Auto kommt und wofür es steht. Wird das Auto nun in Deutschland, England oder Spanien gebaut – oder in jedem Land ein Teil? (Tatsächlich wird der MONDEO in Belgien, in der Stadt Genk bei einer Tochtergesellschaft von FORD-Deutschland gefertigt.)

Dieses globale Wischiwaschi tut gerade Produkten, die so imagerelevant wie Autos sind, nicht unbedingt gut – egal, wo sie auf der Welt gekauft werden. PORSCHE lebt davon, dass man weiß, dass die Marke aus Deutschland kommt, und FERRARI davon, aus Italien zu kommen. Auch MERCEDES und BMW profitieren von einer klaren kulturellen Zuordnung, selbst wenn beide Marken auch Werke in den USA unterhalten.

FORD praktiziert das an anderer Stelle auch: bei dem (in Deutschland nicht werksseitig vertriebenen, aber weltbekannten) Modell MUSTANG. Egal, ob man den Namen amerikanisch oder deutsch ausspricht, bei dieser Modellbezeichnung weiß jeder Autointeressierte, wo er herkommt und wofür er steht; nämlich: für Detroit, American way of life und vielleicht auch für Roadmovies und den Wilden Westen.

Derart identitätsstiftend kann ein Name wie MONDEO niemals sein.

FEEL THE DRIVE
ODER: HEIZEN, BIS DER ARZT KOMMT

Wegen seiner offensichtlichen Ähnlichkeit zum FORD-Claim ist der Spruch *„Feel the drive"* in die Betrachtung eingeflossen, obwohl das Unternehmen dahinter kleiner ist und der Spruch nicht Teil der großangelegten Studie war. Es handelt sich bei dem Unternehmen um WEBASTO, eine urdeutsche Firma aus der Nähe von München, die sich seit 1901 in Familienbesitz befindet und besonders bekannt für ihre Auto-Standheizungen ist. Für eben diese Standheizungen wirbt die Firma, vor allem in Autozeitschriften.

Aber was will uns das Unternehmen damit eigentlich sagen? Eine Umfrage vor einem Autohaus soll darüber Auskunft geben. Leider können die meisten der Befragten (immerhin achtzehn von 31) nicht genau sagen, was damit gemeint ist. Die häufigste, etwas banal klingende Antwort lautete:

♦ Fühle die Fahrt

Das ist zwar nicht völlig falsch, aber kaum gemeint. „Drive" hat viele Bedeutungen, die zum Teil auch schon auf dem Weg sind, die deutsche Sprache zu erobern, zum Beispiel im Sinne von „viel Drive haben", was in der Regel so viel bedeutet wie „viel Schwung besitzen". Ähnliches ist hier wohl auch gemeint. Offen bleibt jedoch, ob damit der Schwung der heißen Luft aus der Standheizung bezeichnet werden soll oder der Schwung des Unternehmens, den man fühlen soll.
Wer jetzt glaubt, dass WEBASTO von FORD inspiriert worden ist, einen solchen Claim zu nutzen, liegt falsch. WEBASTO war schon im Jahr 2000 und damit deutlich eher mit diesem Spruch am Markt. – Doch weg von den Gefühlen, hin zu der Welt der Grenzen und Explosionen.

EXPLORE THE CITY LIMITS
ODER: WO GELÄNDEWAGEN EXPLODIEREN KÖNNEN

OPEL war vor dem Zweiten Weltkrieg in puncto Automobil mit großem Abstand Marktführer in Deutschland. Nach dem Krieg gab es bekanntermaßen den kometenhaften Aufstieg von VOLKSWAGEN, aber wenn überhaupt jemand den Wolfsburgern diese Position hätte streitig machen können, dann war es OPEL. 1972 lag OPEL mit einem Marktanteil von 20,4 Prozent vor VOLKSWAGEN; im Jahre 2010 allerdings erreicht OPEL nur noch magere 7,5 Prozent, während VOLKSWAGEN mit 21,3 Prozent weiter unangefochten an der Spitze liegt.

Gründe für diese Entwicklung gibt es viele. Und da heute wesentlich mehr Automarken in Deutschland angeboten werden als 1972, kommt auch der Werbung eine wichtigere Rolle zu, um die Aufmerksamkeit der Zielgruppe einzufangen. Man muss kein Experte sein, um feststellen zu können, dass OPEL ein Imageproblem hat, zumal seine Produkte bei Tests durchweg gut abschneiden und in Einzelfällen sogar die des Konkurrenten VOLKSWAGEN übertreffen. Da ja Claims einen wichtigen Beitrag zur Imagebildung leisten sollen, lohnt ein näherer Blick darauf. Zunächst ist auch hier zwischen dem Marken-Claim und Produkt-Claims zu unterscheiden.

Bei den Marken-Claims agieren die meisten Automobilisten recht konservativ. BMW benutzt seit 1969 den Spruch *„Freude am Fahren"* und Audi seit 1971 *„Vorsprung durch Technik"*. OPEL wechselte da schon häufiger und trat 1990 mit dem – ja irgendwie bekannt erscheinenden – Spruch *„Freude durch Technik"* an die Öffentlichkeit. Dabei blieb es aber nicht. Es folgten:

- Wir haben verstanden (1994)
- Frisches Denken für bessere Autos (2002)
- Entdecke Opel (2007)
- Wir leben Autos (2009)

Ein häufiger Wechsel, jedoch immer in Deutsch. Bei den Claims für einzelne Modelle wich Opel aber schon 2006 von der deutschen Sprache ab. Der OPEL ANTARA, um den es hier geht, ist ein sogenannter SUV (Sports Utility Vehicle = ziviler Geländewagen). Er wird nicht in Deutschland hergestellt, sondern in Südkorea. Diese Tatsache wird nicht verschwiegen, aber auch nicht sonderlich stark kommuniziert. Schließlich muss sich das Modell am deutschen Markt gegen den technisch baugleichen und optisch sehr ähnlichen CHEVROLET CAPTIVA durchsetzen, der ebenfalls aus der GENERAL-MOTORS-Familie (dem OPEL-Mutterkonzern) stammt, von denselben Bändern in Südkorea läuft und in Deutschland billiger als der OPEL ANTARA angeboten wird. Während es für den CHEVROLET CAPTIVA keinen eigenen Spruch gibt, wird für den OPEL ANTARA auf Englisch geworben. Und dieser Spruch war Teil unserer großen Claimstudie von 2006 mit über eintausend befragten Personen.

Von denen hatten 61 Prozent keine Ahnung, was der Claim genau bedeuten soll, 39 Prozent glaubten, etwas zu wissen – und immerhin 35 Prozent konnten ihn dem Sinn nach übersetzen. Die nicht sinngemäßen, aber dafür umso kreativeren Übersetzungsversuche gipfelten in:

- ◆ Explosionen an der Stadtgrenze
- ◆ Das Stadtlimit explodiert
- ◆ Beachte die Stadtgrenze
- ◆ Erobere die Stadtgrenze

Dieser letzte Versuch kommt der Intention der Marke OPEL ANTARA schon näher, trifft sie aber nicht wirklich. Gemeint ist:

- ◆ Erkunde die Grenzen der Stadt (im Sinne von „Schau mal, was geht")

Anscheinend ging nicht ganz so viel. Doch vielleicht geht mit etwas Instinkt ja mehr?

DRIVEN BY INSTINCT
ODER: INSTINKTLOSE WERBUNG?

Zwischen OPEL und AUDI gibt es einen sehr deutlichen Imagevorsprung für AUDI. Und die Marke AUDI gilt eigentlich als Garant für gute Werbung. Ihr Marken-Claim „*Vorsprung durch Technik*" wird sogar im englisch-sprachigen Ausland in dieser deutschen Version genutzt, was für ein großes Selbstbewusstsein der Marke spricht. Spektakuläre Aktionen in der Vergangenheit, wie die Fahrt eines AUDI QUATTRO auf eine Ski-Schanze, schrieben Werbegeschichte in den Achtzigerjahren.

Trotz dieser eindeutig deutschsprachigen Werbung für die Dachmarke gab es für einzelne AUDI-Modelle vereinzelt auch englische Werbesprüche. Als das Sport-Coupé AUDI TT auf den Markt kam, wurde es in TV-Spots und Anzeigen zunächst mit „*Driven by instinct*" beworben.

Im Rahmen der Claimstudie konnten allerdings nur 22 Prozent den Spruch annähernd korrekt übersetzen. Doch immerhin glaubten dreißig Prozent zu wissen, was AUDI damit sagen will. Dabei kamen unter anderem folgende, durchaus bemerkenswerten Interpretationen heraus:

- ♦ Abdriften der Instinkte
- ♦ Fahren/Kaufen mit Instinkt

Tatsächlich sollte der Spruch zwar durchaus die Instinkte der Käufer ansprechen, allerdings eher im Sinne von:

- ♦ Angetrieben vom Instinkt

Dabei darf der „Antrieb" bei einem sportlichen Auto durchaus und bewusst zweideutig interpretiert werden. Inzwischen ist AUDI allerdings vom Instinkt wieder abgewichen, man hat für dieses Modell den Spruch gewechselt und wirbt in deutschen Worten mit: *„Pur und faszinierend"*.

Die Top Ten der Werbesprache

Immer schon hat es Modewörter gegeben, in der Werbung genauso wie in der Umgangssprache. Heute stammen die meisten Modewörter aus dem Englischen. Manchmal ist nicht auf Anhieb verständlich, warum bestimmte dieser Wörter Karriere machen, und nicht immer ist ihr Einsatz aus Sicht der Werbewirkung wirklich sinnvoll.

Wir beginnen mit Platz zehn der aktuellen Top Ten:

SPIRIT

Diese Vokabel füllt ein breites Bedeutungsspektrum vom „Geist", über die „Spirituose" und die „Stimmung", bis zum „Gespenst". Meist ist „der Geist von etwas" im Sinne von „Geisteshaltung/Einstellung" gemeint, wenn das Wort in Werbesprüchen eingesetzt wird. Der englische Begriff findet sich auch immer häufiger in Markennamen wieder. Allein in Deutschland gibt es ca. 630 nationale Marken mit dem Wort „Spirit" (Stand Ende 2010). Meist findet man sie in der Kombination als „(The) spirit of ...".
So gibt es zum Beispiel
Spirit of the games
Spirit of freedom
Spirit of nature

> Spirit of time
> Spirit of the ocean
> Spirit of Australia
> Spirit of St. Louis

Bei Letzterem handelt es sich bekanntlich auch um den Namen des Flugzeugs, mit dem Charles Lindbergh 1927 als Erster den Atlantik überquerte; jetzt ist es eine Modemarke.

Die deutsche Entsprechung „Geist" findet sich dagegen nur 184 Mal im Markenregister des Deutschen Patent- und Markenamtes wieder und das meist zur Benennung geistiger Getränke wie:

> Himbeer-Geist
> Melissen-Geist
> Wein-Geist
> Flaschen-Geist

„Im Geiste der Natur" wirkt auch etwas altbacken und weit weniger dynamisch als „The Spirit of Nature"; dennoch zeigen unsere Claimtests, dass längst noch nicht jeder Geist mit Spirit seinen Frieden geschlossen hat.

SHIFT THE WAY YOU MOVE
ODER: BEWEGENDE WEGE DER SCHALTUNG

Die japanische Automarke NISSAN ist zwar mit RENAULT verbunden, wirbt aber in Deutschland weder in Japanisch noch in Französisch, sondern – wie die meisten Autoimportmarken – in Englisch. Nun klingen die einzelnen Wörter des Claims *„Shift the way you move"* eigentlich gar nicht so schwer, aber die (bei NISSAN nachgefragte) intendierte Übersetzung überraschte dann doch ein wenig. Wer schon einmal im englischsprachigen Ausland mit Autos zu tun gehabt hat, weiß: Das Verb „to shift" steht für „schalten" (wie: „to shift into the next gear" = „in den nächsten Gang schalten"). Die daraus abgeleiteten und festgestellten Übersetzungen des Claims im Sinne von

♦ Schalte, wie du dich bewegst
♦ Schalte entsprechend deinem Fahrstil
♦ Schiebe den Weg und du kommst voran
♦ Mit dem Hebel den Weg verändern

sind aber hier *nicht* gemeint. Vielmehr möchte die Marke Nissan, dass „to shift" wesentlich freier verstanden wird, im Sinne von „ändern/verändern". Daraus ergibt sich die gewünschte Übersetzung:

♦ Ändere die Art, dich (fort-)zu bewegen

NISSAN-Deutschland nimmt auf Nachfrage wie folgt dazu Stellung:
„,Shift the way you move' richtet sich an Menschen, die Mobilität nicht nur als Fortbewegung, sondern immer wieder als bewegenden Moment erleben möchten. Für die eine Strecke mehr ist als eine Distanz von A nach B und für die Design nicht nur Sinn macht, sondern auch die Sinne begeistert. Herzlich willkommen in der Welt von Nissan."
Tatsächlich konnten dieser Interpretation – auch wenn man sie sehr breit auslegt – nur fünfzehn Prozent inhaltlich folgen. Aber fast doppelt so viel (29 Prozent) glaubten zu wissen, was gemeint ist.
Im Übrigen gab es bei NISSAN auch einen Vorgängerspruch in ähnlicher Aufmachung. Der hieß:

♦ Shift Expectations

und konnte bei einer Umfrage des ARD-Magazins PlusMinus von gar niemandem korrekt übersetzt werden. Die von Nissan gewünschte Übersetzung lautete übrigens:

♦ Schraube deine Erwartungen hoch

Offenbar hat aber dieser Spruch die in ihn gesetzten Erwartungen nicht erfüllt.

♦♦♦

URBAN PROOF ENERGISED
ODER: WIE MAN FÜR GELÄNDEWAGEN IN DER STADT WIRBT

NISSAN benutzt neben seinem Corporate Claim auch Produkt-Claims, also Sprüche zu einzelnen Automodellen – insbesondere bei Neu-Einführungen. So wurde 2010 für die Vorstellung des NISSAN JUKE in Deutschland ein neuer Claim ersonnen: *„Urban Proof Energised"*. Bei einem ersten Test waren aber weniger als sechzehn Prozent der Befragten in der Lage, den Sinn dieser Worte – ungefähr – in Deutsch auszudrücken. Andere wussten sich ein wenig mehr zu helfen und mutmaßten beispielsweise folgende Aussagen hinter dem Werbespruch:

♦ Die Energie der Stadt beweisen
♦ Erregung auf Probe
♦ Über Schutz-Energie

Bei NISSAN war es nicht ganz einfach, herauszufinden, was mit dem Claim ausgedrückt werden sollte. Nach acht Telefonaten und mehreren E-Mails gab es schließlich eine schriftliche Auskunft eines Unternehmenssprechers, die da lautet:
„,Urban Proof Energised' steht dafür, dass der Nissan Juke die Stadt mit Energie auflädt, wie auch in unserem neuen TV-Spot zu sehen ist."
Diese Antwort hat allerdings keine der befragten Personen genannt. Als ungefähr richtig wurden daher auch Antworten im Sinne von:

- Erwiesenermaßen voll Energie für die Stadt

gewertet. Dass diese Übersetzung in der Tat nicht ganz einfach ist, zeigt ein Blick auf den Übersetzungsdienst von GOOGLE. Dieser übersetzt den Spruch als „städtischen Beweis erregt".

THE POWER OF DREAMS
ODER: JAPANISCHE AUTOS – GETRÄUMT UND GEPUDERT

„The Power of Dreams" – der japanische Autobauer HONDA benutzt diesen Spruch in Deutschland seit 2001. Im Jahr 2010 wurde dazu eine neue Kampagne aufgelegt, die lustige fiktive Tierkreuzungen zeigt, zum Beispiel eine Maus mit einem Elefantenrüssel oder eine Raubkatze mit dem Kopf eines Pandas.

Bei der Verbraucherbefragung konnte über die Hälfte (56 Prozent) der Befragten den englischen Spruch in etwa übersetzen. Zwei signifikante Fehlversuche verdienen es allerdings, festgehalten zu werden:

- Der Puder der Träume
- Von Kraft träumen

Gemeint war trotz aller Kraft des Puders hingegen:

- Die Kraft der Träume/die Energie der Vorstellungskraft

Allzu wörtlich sollte man den Claim wohl nicht nehmen, denn Träumen und Autofahren – das passt eigentlich nicht so richtig zusammen.

THE POWER TO SURPRISE
ODER: WIE ÜBERRASCHT MAN HEUTE NOCH MIT WERBESPRÜCHEN?

Es wird ja zuweilen behauptet, die Koreaner würden bei ihrer wirtschaftlichen Entwicklung die Japaner kopieren. Wenn man den KIA-Werbespruch *„The Power to Surprise"* mit dem von HONDA vergleicht, könnte man zu der Überzeugung gelangen, an der Behauptung sei etwas dran.
Der koreanische Autohersteller KIA benutzte diesen Spruch zwischen 2006 und 2010. Wirklich überraschend war, dass im Rahmen der 2006er-Untersuchung deutlich weniger Teilnehmer diesen Spruch übersetzen konnten als den HONDA-

Claim. Nur ein Viertel der Befragten konnte im Sinne des Absenders etwas damit anfangen. Dreißig Prozent glaubten immerhin, ihn zu verstehen, wobei aber einige definitiv falsch lagen und sich in Übersetzungen versuchten wie:

- Die Überraschungsmacht
- Die Power des Superpreises
- Mit Strom überraschen

Dabei ging es gar nicht um Elektro-Autos, sondern lediglich um:

- Die Kraft, zu überraschen

Vielleicht hatte man irgendwann genug von derlei Überraschungen. Im Jahr 2010 jedenfalls hat KIA seine Werbung in Deutschland auf die deutsche Sprache umgeschaltet und wirbt seitdem mit: *„So baut man heute Autos"*.

◆◆◆

MOVE YOUR MIND
ODER: BEWEGE DEIN AUTO

Man muss es einfach zugeben: Die schwedische Automarke SAAB hat schon viel mitgemacht. Aus der Landfahrzeugssparte eines Flugzeugbauers wechselte sie zum amerikanischen GM-Konzern und schließlich hin zu holländischen Besitzern (Spyker). So viel Bewegung weckt Misstrauen. Kenner der internationalen Autoszene sind skeptisch im Hinblick auf die langfristige Zukunft der Marke. Allerdings wäre es sehr schade, wenn sie vom Markt verschwinden würde, gehören doch ihre Fahrzeuge über viele Jahre hinweg zu den wenigen, die ein eigenständiges Gesicht zeigen.

Damit das so bleibt, wirbt SAAB auch in Deutschland um Käufer und zwar mit dem Claim *„Move Your Mind"*. Da Saab-Käufer immer schon als ein klein wenig intellektueller als andere Autokonsumenten galten, wurden Besucher einer großen Buchhandlung zur Bedeutung dieses Spruches befragt. Mit mäßigem Erfolg. Sechzehn von dreißig Befragten konnten entweder überhaupt keine Übersetzung liefern oder boten folgende Vorschläge an:

- ◆ Ziehe mit deinem Verstand um
- ◆ Bewege deinen Kopf

Knapp die Hälfte vermochte eine halbwegs sinngemäße Interpretation anzubieten, wobei Lösungen wie „Bewege deinen Geist" ebenso als richtig gewertet wurde wie „Zeige geistige Flexibilität".

Der von der Agentur Lowe & Partners entwickelte Slogan wurde bereits 2003 das erste Mal genutzt und im Jahr 2010 international reaktiviert. In den Jahren dazwischen hieß es bei Saab in Deutschland unter anderem: *„Sicher ist sicher. Saab ist Saab."* und *„Alles – außer gewöhnlich"*. Vielleicht hätte die gleiche Kontinuität, die Saab in der Modellpolitik bewiesen hat, auch der Werbespruchpolitik gutgetan.

DRIVE THE CHANGE
ODER: FAHRERWECHSEL BEI RENAULT

Der französische Autohersteller RENAULT feierte im ersten Jahrzehnt des neuen Jahrtausends große Erfolge in Deutschland, sowohl bei den Verkaufszahlen als auch in der Werbung. Preisgekrönt waren Werbespots wie der mit der zerplatzenden Bratwurst und dem abfedernden Baguette beim

Crashtest und der betont französische Spruch „*créateur d'automobile*", den fast jeder verstand, auch wenn er nicht Französisch sprach. Die frankophone Welle hielt allerdings nur bis 2010. Dann war – warum auch immer – ein Wechsel angesagt, der eben in „*Drive the Change*" mündete. Ein Wechsel mit Folgen: In einem ersten Pilottest hatte etwa die Hälfte der Befragten Probleme mit der Übersetzung und Aussprache. Einige Übersetzungsversuche lauteten:

- Fahre/Ergreife die Chance
- Wechsel den Fahrer
- Fahre für Kleingeld/Wechselgeld

Womit zugegeben interessante Perspektiven eröffnet werden. Gemeint ist jedoch offensichtlich:

- Fahre die Veränderung/Verändere dich

„Offensichtlich", weil RENAULT Deutschland diesen Claim nicht übersetzt haben möchte und deshalb auch keine Angaben zu einer gewünschten Übersetzung macht. Allerdings gibt es eine Pressemitteilung (vom 27.08.2010), die den neuen Claim „erklärt". Darin heißt es u. a.:
„Mit dem neuen Markenclaim ‚Drive the Change' unterstreicht Renault ab sofort die Neuausrichtung seiner Markenidentität … ‚Der neue Markenclaim ›Drive the Change‹ unterstreicht, dass Renault einen echten Bewusstseinswandel hin zu einem neuen Mobilitätsansatz vollzogen hat', so Achim Schaible, Vorstandsvorsitzender der Renault Deutschland AG … Der neue Markenclaim steht für die Visionen und Ziele von Renault, zukünftig noch mehr als heute erschwingliche und umweltfreundliche Fahrzeuge anzubieten, die die Belange der Umwelt berücksichtigen und die konsequent auf die Bedürfnisse des Menschen abgestimmt sind."

Das Anliegen der Botschaft ist verständlich – ob es ihr Ausdruck und ihre Authentizität auch sind, mag im direkten Vergleich von „*Drive the Change*" zu „*créateur d'automobile*" dahingestellt bleiben.

Interessant in diesem Zusammenhang ist, dass die populäre Werbung mit französischer Zunge nicht nur von SCHÖFFERHOFER WEIZEN benutzt wird, sondern seit einiger Zeit auch von RENAULTs Nachbarwettbewerber CITROËN, dessen Spruch derzeit „*Créative Technology*" lautet und damit unwillkürlich an RENAULT erinnert.

MOTION & EMOTION
ODER: BEWEGENDE GEFÜHLE AUF VIER RÄDERN

Im Gegensatz zu RENAULT hatte PEUGEOT in Deutschland bislang noch keinen französischen Werbespruch am Start. Meistens wurde auf Deutsch geworben. 2008 hieß es noch „*Eine Spur sympathischer*". Doch ganz offensichtlich war dieser Claim den zuständigen Entscheidern 2010 nicht mehr sympathisch genug; auf jeden Fall wurde von Deutsch auf Englisch umgestellt mit der neuen, zentralen Aussage: „*Motion & Emotion*". Das sollte eigentlich nicht so schwer zu übersetzen sein, zumal das zweite Wort im Deutschen so bekannt ist, dass es kaum noch als Fremdwort wahrgenommen wird.

Die englische Vokabel „motion" scheint hierzulande aber doch nicht so bekannt zu sein, wie man vermuten möchte. Zwar konnten immerhin 58 Prozent der dazu Befragten den Claim übersetzen, 42 Prozent aber eben auch nicht. Und die Fehlversuche lauteten etwa:

- Motoren mit Emotionen
- Umzug mit Gefühl

Sicherlich sind Umzüge immer wieder mit Emotionen verbunden, und auch von heulenden Motoren hat man schon gehört. Gemeint ist jedoch:

- Bewegung und Emotion

OPEN YOUR MIND
ODER: WIE SMART DARF WERBUNG SEIN?

Von der Emotion zum Denken: Seit 2002 wirbt SMART mit *„open your mind"*, einem Spruch, der von der – inzwischen nicht mehr existierenden – deutschen Agentur Springer & Jacoby stammt. 2010 wurde dieser Claim noch einmal neu aufgelegt. Anlass genug, ihn auch einmal im Hinblick auf sein Verständnis zu überprüfen. Im Rahmen einer kleinen Trendstudie wurden dazu Personen befragt, die nach Aussagen des Unternehmens zur Kernzielgruppe des Kleinwagens zählen: junge, urbane, gut gebildete und gut verdienende Menschen. Und tatsächlich wusste knapp die Hälfte der Befragten, was gemeint war, die andere Hälfte allerdings tat sich nicht ganz so leicht. Typische Übersetzungsversuche lauteten:

- ◆ Öffne deine Meinung
- ◆ Denk daran

Das war zwar gut gemeint. Tatsächlich gemeint aber war etwas ganz anderes, nämlich in etwa diese Aussage:

- ◆ Sei offen für neue Ideen/Öffne dein Denken

Doch bei aller Offenheit: Ganz originell ist dieser Spruch nun eben nicht. Neben der Computerfirma MAXDATA, die den gleichen Spruch bereits seit 1998 in ihrer Werbung benutzt, setzte auch schon VOLVO 1993 in Großbritannien *„Open your mind"* zur Werbung für den VOLVO Estate (Kombi) ein. So gesehen war die Agentur offensichtlich eher offen für alte Ideen bei ihren Überlegungen für die SMART-Werbung.

DRIVE ALIVE
ODER: MIT MITSUBISHI LEBEN

Man lernt nie aus. Und manchmal reicht bloßes Vokabellernen nicht, um Werbung wirklich zu verstehen. Denn selbst wenn man weiß, dass „drive" „fahre(n)" und „alive" „lebend" wie auch „überlebend" heißt, versteht man nicht unbedingt einen Werbespruch à la *drive alive*. Ob das wirklich schlimm ist, sei dahingestellt. Jedenfalls kommt es dann zu so existenziellen Übersetzungen wie:

- ◆ Fahre lebend
- ◆ Die Fahrt überleben

Das ist aber nicht gemeint. Was wirklich gesagt sein sollte, erkannten nur achtzehn Prozent, nämlich:

♦ Lebendiges Fahren

Diesen Spruch hatte 2003 die Agentur StrawberryFrog (New York, Amsterdam, Mumbai, Sao Paulo) für MITSUBISHI-MOTORS entwickelt, wobei für die Europa-Einführung die Amsterdamer Filiale der „Erdbeerfrösche" verantwortlich zeichnet.

Seit 2008 gibt es aber einen neuen, weltweiten Claim, der zum Teil auch in Deutschland benutzt wird. Er lautet: „Drive@earth". MITSUBISHI-MOTORS verkündet dazu, dass dieser Spruch zwei zentrale Anliegen des Automobilunternehmens vereinige: zum einen, dass ein MITSUBISHI, insbesondere ein Vier-Rad-getriebener, einen fast überall auf der Welt hinbringen kann; zum anderen, dass ein gesunder Planet wichtig ist und dass MITSUBISHI Synergien zwischen technologischem Fortschritt und nachhaltigem Ressourceneinsatz sieht. Jeder Leser mag selbst überprüfen, ob er dies alles aus dem neuen Spruch herauszulesen vermag.

Ohnehin stehen Sprache und MITSUBISHI zuweilen auf Kriegsfuß. Weltweit bekannt dürfte der Fehlgriff sein, den der japanische Autohersteller bereits 1983 mit der weltweiten Einführung des Namens PAJERO für einen Geländewagen gemacht hat. Erst spät hat man realisiert, dass dieser Name umgangssprachlich in spanisch sprechenden Ländern für das Schimpfwort „Wichser" steht. Seitdem heißt der Wagen dort MONTERO.

Die Top Ten der Werbesprache

Endlich zu haben – Platz 9 unserer aktuellen Top Ten:

GET

„To get" ist ein besonderes Wort im Englischen. Normalerweise heißt es „(etwas) bekommen", „holen", „bringen", „kapieren", „abkriegen" etc. Man kann es aber auch im Imperativ als Aufforderung benutzen. „Get this ..." heißt zum Beispiel „Hol dir das ..."

Das ist deshalb interessant, weil in Deutschland seit den frühen Sechzigerjahren der direkte Aufforderungscharakter in Werbesprüchen eher verpönt ist. In den Anfängen der Werbung waren Aufforderungen die häufigste Art der sprachlichen Werbung: „Kauf ...", „Trink ...", „Wasch mit ..." etc. galten aber seit dem Ende des Zweiten Weltkriegs als nicht mehr zeitgemäß.

Allerdings muss man beim Einsatz von „to get" aufpassen, denn in vielen Fällen wird es auch und gerade für negative Ansprachen benutzt, wie z.B.

Get out!	= Raus!
Get along with you!	= Verzieh dich!
Get lost!	= Verschwinde!
Get out of my way!	= Platz da!

In ca. 250 für Deutschland, Österreich und die Schweiz bestimmten Werbesprüchen der letzten Dekade kam die englische Vokabel „to get" vor. Zum Beispiel in folgenden Fällen:

Get it on (Durex/Kondome 2009)
Get real (Chevrolet 2009)
Get the touch (Medion 2010)
Get the grip (Continental Reifen 2006)

Fest steht, dass man mit einer derartigen Ansprache in englischer Sprache – zumindest in deutschen Ohren – immer einen Tick weniger direkt und damit etwas freundlicher wirkt als eine deutsche Aufforderung, etwas zu kaufen, zu holen oder an etwas teilzunehmen.

LIFE BY GORGEOUS
ODER: WAS MACHT EIN JAGUAR IN GEORGIEN?

„Gorgeous" war das Schlüsselwort einer Werbekampagne für den Sportwagen JAGUAR XK in den Jahren 2006/2007. Dazu gab es unterschiedliche Überschriften von Anzeigen und Plakatmotiven. *„Life by Gorgeous"* bildete dabei noch eine der einfacheren Varianten. Es gab auch einen Spruch in einer Anzeige, der lautete: *„Gorgeous deserves your immediate attention!"* Sicher, das sollte man sich hinter die Ohren schreiben. Aber wer um alles in der Welt ist denn dieser ominöse „Gorgeous"? Handelt es sich womöglich um die griechische Variante des Vornamens Georg oder etwa um die englische Bezeichnung von Georgien? Um es zu verraten: 92 Prozent der zu dieser Werbung befragten Deutschen wussten das auch nicht so ganz genau.

Dementsprechend kreativ waren die Übersetzungsversuche von *„Life by Gorgeous"*. Als gefühlte Übersetzungen wurden u. a. angeführt:

- ♦ Leben in Georgien
- ♦ Leben bei Georg
- ♦ Leben wie George

Tatsächlich lässt sich die englische Vokabel „gorgeous" ungefähr mit den Bedeutungen „hinreißend", „großartig" und „prächtig" übersetzen. Und „*Life by Gorgeous*" könnte somit ungefähr mit „Leben auf prächtig" interpretiert werden. Der längere Werbespruch hingegen soll heißen: „*Prächtig verdient deine/Ihre unmittelbare Aufmerksamkeit*". Das wäre zwar annähernd korrekt, aber nicht unbedingt sinnstiftend.

Darauf angesprochen bekannte sich JAGUAR-Deutschland zu dem schlechten Verständnisgrad seiner Claims und lies verlautbaren, dass man überhaupt nicht wolle, dass jeder diese Sprüche verstehe, weil man sich dadurch bewusst elitär von der Masse abgrenzen möchte. Ausgrenzung durch Sprache kann man auch im Marketing einsetzen, ob es geklappt hat, darf vorsichtig bezweifelt werden, weil sich die Verkaufszahlen des JAGUAR XJ durch die Kampagne nicht spürbar veränderten. Allerdings gehörte zu dieser Zeit das Unternehmen noch zu FORD. Seit 2009 ist es in indischen Händen und gehört TATA MOTORS.

WE ARE DRIVERS TOO
ODER: VON TANKSTELLEN FÜR AUTOFAHRER

Verlassen wir Georgien und lenken wir unsere Aufmerksamkeit auf diejenigen, die wirklich mit dem Auto zu tun haben, auf die Fahrer. Und damit selbstverständlich auf ESSO.

Die Älteren werden ihn noch kennen: den Tiger, den ESSO früher immer in den Tank gepackt hat. Eine geniale Werbeidee. „*Pack den Tiger in den Tank*" wurde zum geflügelten Wort und der Tiger selbst zur Werbe-Ikone. Ein weiterer klassischer Spruch von ESSO lautete ab 1980: „*Es gibt viel zu tun. Packen wir's an!*" Im neuen Jahrtausend ist ESSO allerdings etwas weniger genial unterwegs. Insbesondere mit einer Radio-Kampagne, deren Spots immer mit dem englischen Satz endeten „*We are drivers too.*"

Eigentlich eine Banalität, umso erstaunter waren die Organisatoren der Werbestudie, dass nur 31 Prozent den Spruch korrekt deuten konnten. 44 Prozent der Befragten glaubten zu wissen, was er heißt, interpretierten die Werbung aber teilweise als:

- ◆ Wir sind zwei Fahrer
- ◆ Wo fahren wir hin?

Aussagen, die von einer gewissen Orientierungslosigkeit zeugen und deren Werberelevanz bezweifelt werden kann. Tatsächlich soll es einfach heißen:

- ◆ Wir sind auch Autofahrer

Hier gibt es nicht nur ein Übersetzungs-, sondern auch ein Relevanzproblem. Da über neunzig Prozent der erwachsenen Bevölkerung Deutschlands Autofahrer sind, erstaunt es eigentlich nicht wirklich, dass ausgerechnet die Mitarbeiter von ESSO auch Auto fahren.

Aber egal. Wo Fahrer sind, da sind auch Reifen. Und mit denen kann viel passieren.

PASSION FOR EXCELLENCE
ODER: SEINE EXZELLENZ DER REIFEN

BRIDGESTONE könnte man dem Namen nach für ein amerikanisches oder britisches Unternehmen halten. Tatsächlich handelt es sich bei dem Reifenhersteller um eine japanische Firma, deren Name aus der wörtlichen Übersetzung des japanischen Gründungsnamens („Brücke aus Stein") von 1931 stammt. Seit 2004 wirbt die Autoreifenmarke mit dem Spruch *„Passion for Excellence"* in Deutschland und England. Da die beiden wesentlichen Vokabeln des Claims zumindest in Fremdwortform auch in der deutschen Sprache vorkommen, sollte es für deutsche Autofahrer und Reifenkäufer nicht so schwierig sein, zu verstehen, was uns der Hersteller damit sagen möchte.

Aber auch Fremdwörter scheinen für einige Deutsche aus einem Buch mit sieben Siegeln zu stammen, anders lässt es sich kaum erklären, dass bei einer stichprobenartigen Befragung vor einem großen Autozubehörmarkt in Köln nur 55 Prozent den Spruch passend übersetzen konnten.

Andere ließen sich nicht lumpen und bemühten sich mit folgenden Interpretationen:

- Lasst die Exzellenz passieren
- Für exzellente Passionsspiele

Der Reifenhersteller hat aber mit den Passionsspielen von Oberammergau rein gar nichts zu tun, so exzellent diese auch sein mögen. Er möchte mit dem Claim lediglich sagen, dass er „mit Leidenschaft an sehr guter Qualität arbeitet". – Das soll er tun, damit wir nun endlich in Fahrt kommen.

DRIVEN BY YOU
ODER: WIE MAN MIETWAGEN AM BESTEN
ANTREIBT

Der Mietwagenanbieter EUROPCAR gehörte bis 2006 zur Volkswagengruppe, bevor er von einem französischen Finanzinvestor gekauft wurde. Seit 2010 wirbt das Unternehmen in Deutschland mit dem Claim *„Driven by You"*. Der typische Mietwagenkunde ist in der Regel Geschäftsmann oder -frau, weswegen es für ihn oder sie nicht so schwer sein sollte, das zu übersetzen. Und weswegen eine Befragung in unmittelbarer Nähe der Mietwagenschalter auf dem Münchner Flughafen die Zielgruppe halbwegs treffen müsste. Allerdings konnten von den 56 dort befragten deutschen Muttersprachlern nur 22 (etwa vierzig Prozent) ungefähr interpretieren, was EUROPCAR damit meint. Häufige, nicht ganz korrekte Antworten lauteten:

◆ Du musst/darfst selbst fahren
◆ Von dir gefahren

Sicher, das ist bei einem Mietwagen nicht völlig ausgeschlossen. Dennoch trifft es nicht so ganz die Intention von EUROPCAR. Denn die meisten kamen nicht darauf, dass das englische Wort „to drive" nicht nur „fahren" heißt, sondern auch „antreiben" im übertragenen Sinn (in Richtung „motivieren"). So meint der Spruch:

◆ Angetrieben von Ihnen/dir (Du machst es möglich)

Es scheint also an der Zeit, sich mit etwas Geistreicherem zu beschäftigen.

THE SPIRIT OF MOBILITY
ODER: DER GEIST DES MIETWAGENS

Just an diesem, dem Münchener Flughafen warb – wie an fast allen anderen Flughäfen Deutschlands – auch SIXT mit einem englischen Spruch. Grund genug, diesen mit in die Umfrage einzubeziehen.

Der Autovermieter SIXT ist bekannt und prämiert für besonders kreative Werbung. Viele erinnern sich noch an Angela Merkel mit Cabrio-Fönfrisur und an witzige Werbetexte, für die meist die Agentur Jung von Matt verantwortlich zeichnet. Die Motive der Werbung werden häufig gewechselt, der Claim ist aber seit 2002 derselbe: *„The spirit of mobility"*. Im Rahmen der Umfrage in der Mietwagen-Passage des Flughafens wurden dazu Besucher befragt. Von diesen 56 deutschen Muttersprachlern, mehrheitlich Anzug- und Kostümträger bzw. -trägerinnen konnte auch eine knappe Mehrheit von dreißig Personen den Spruch sinngemäß übersetzen, aber 26 (ca. 45 Prozent) nicht. Deren Übersetzungsversuche mündeten in nahezu spirituellen Ergebnissen wie:

- Der Sprit macht mobil
- Viel Sprit für Mobilität
- Der Geist von Mobil-Öl

Die nüchtern-korrekte Übersetzung lautet hingegen:

- Die Stimmung/Das Temperament der Beweglichkeit

Dabei wurden Antworten wie „Der Geist der Mobilität" ebenfalls als richtig gewertet. Aber mal ehrlich: Klingt „Der Geist von Mobil-Öl" nicht viel geheimnisvoller?

Die Top Ten der Werbesprache

Volle Fahrt auf Platz acht unserer aktuellen Top Ten:

DRIVE

Wie schon einige der Claimbeispiele gezeigt haben, ist auch das Wort „drive" auf dem Vormarsch und keineswegs nur in seiner Bedeutung von „fahren". Häufiger noch wird es im übertragenen Sinn mit „Antrieb" (als Substantiv) und „antreiben" (als Verb) benutzt. Besonders häufig in der Form von „driven by" wie z. B.:

Driven by passion	= Angetrieben von Leidenschaft
Driven by ideas	= Angetrieben von Ideen
Driven by quality	= Angetrieben von Qualität
Driven by innovation	= Angetrieben von Innovation
Driven by precision	= Angetrieben von Präzision
Driven by performance	= Angetrieben von Leistung
Driven by technology	= Angetrieben von Technologie
Driven by drives	= Angetrieben von Laufwerken

Etwa einhundert Claims bedienen sich dieses Schemas in Deutschland, Österreich und der Schweiz. Der Drive-Trend befällt aber keineswegs nur international tätige Markenartikler. Fast in jeder deutschen Stadt gibt es eine Fahrschule, die DRIVE heißt oder SMILE'N DRIVE, PRO-DRIVE, ONE-DRIVE, GO IN – DRIVE OUT usw., und auch Kampagnen gegen Alkohol am Steuer heißen hierzulande eher „Don't drink and drive" als „Trinke nicht, wenn du fährst".

Auch wenn das Wort „drive" im Sinne von „schwungvoll sein", „den Drive haben", sich auf dem Einbürgerungskurs in die deutsche Sprache befindet, sind Varianten wie „driven by" etc. vom Verständnis her vielfach noch nicht ganz angekommen und auch nicht unbedingt notwendig.

Reisen und Verreisen –
Abheben auf Englisch

Dass man beim Thema Fliegen und Urlaub auf englische Werbung stößt, ist verständlich und kaum überraschend, handelt es sich dabei doch quasi um „internationale Produkte" – ganz abgesehen davon, dass Englisch auch die internationale Fliegersprache ist. Im Folgenden allerdings wurde bewusst nicht die Werbung an internationalen Flughäfen oder in Wirtschafts- und Fachzeitschriften untersucht, die sich in erster Linie an Geschäftsreisende richtet, sondern Werbung, die an das „normale" deutsche Urlaubspublikum adressiert ist. (Diese Werbung kann dann wiederum durchaus auch an Flughäfen zu sehen sein.)

THERE'S NO BETTER WAY TO FLY
ODER: JA WO FLIEGEN SIE DENN?

Dieser Claim wird schon seit über zehn Jahren von der LUFTHANSA benutzt. Und das ist eigentlich ein gutes Zeichen; denn offenbar funktioniert der Spruch – oder er stört zumindest nicht beim Verkauf von Flugtickets. Früher warb die LUFTHANSA in Deutschland über lange Zeit auf Deutsch. Ein Klassiker war der von 1966 bis 1975 genutzte Spruch: *„In der ganzen Welt zuhause"*. 1989 wurde es zum ersten Mal gemischt-sprachlich mit der Aussage: *„Fliegen Made in Germany"*, dann folgten Jahre des steten Wechsels von *„Unsere Lufthansa. Ihre Airline"* bis hin zu *„You see the world the way you fly"* (Du siehst die Welt so, wie du fliegst.)

Der neue, seit 2000 genutzte Claim klingt eigentlich ganz einfach. Tatsächlich konnte ihn auch über die Hälfte (54 Prozent) der Befragten übersetzen, 46 Prozent hingegen scheiterten. Die nicht ganz korrekten, dafür umso schöneren, um nicht zu sagen beflügelnden Übersetzungsversuche lauteten zum Beispiel:

- ◆ Nur Fliegen ist schöner
- ◆ Da ist keine bessere Route
- ◆ Dorthin ist es besser zu fliegen

Bevor die Verwirrung über die Destination weiter überhandnimmt, hier schnell die korrekte Übersetzung:

- ◆ Es gibt keine bessere Art zu fliegen

Ein hoher Anspruch, den man vielleicht ganz gerne hinter einer Fremdsprache verbirgt, um nicht ständig an ihm gemessen zu werden. Allerdings: Ein hohes Maß an Alleinstellung kann man dem Spruch nicht zugestehen, wirbt doch der „Star-Alliance-Partner" der LUFTHANSA, SINGAPORE AIRLINES, mit dem sehr ähnlichen Claim: *„A great way to fly"* (Eine großartige Art zu fliegen).

FLY EURO SHUTTLE
ODER: FLIEGEN IN EUROPA

AIR BERLIN ist viel jünger als die LUFTHANSA, aber inzwischen die klare Nummer zwei am deutschen Luftfahrthimmel. Die 1978 unter US-Lizenz als kleine, lokale Charterfluggesellschaft geborene Fluglinie wirbt seit ihrer Umwandlung 1991 primär mit englischen Sprüchen. Der Claim *„Fly Euro*

Shuttle" kam 2006 auf den Markt. Obwohl – so ganz englisch wurde er nicht genutzt, denn in der begleitenden Fern-
sehwerbung wurde das Wort „Euro" deutsch ausgesprochen
(und nicht englisch etwa wie „juro"). Trotzdem sollte der
Spruch für berufliche Vielflieger keine Deutungsprobleme be-
reiten. Aber der Durchschnittsbürger, der ein- bis zweimal im
Jahr ein Flugzeug nutzt, scheint doch in weiten Teilen mit der
Übersetzung überfordert zu sein. Nur knapp ein Drittel (dreißig Prozent) der 2006 dazu Befragten konnte den Spruch
korrekt übersetzen. Das lag ganz offensichtlich daran, dass
viele einfach nicht wussten, was ein „Shuttle" ist. Übersetzungen wie

♦ Der Euro Schüttel-Flug
♦ Schüttel den Euro zum Fliegen

lagen völlig falsch und lieferten Indizien für ein massives Problem bei den „Shuttle-Deutungen". Tatsächlich kann Shuttle
im Deutschen mehrere Bedeutungen haben. Wir kennen das
„Space-Shuttle" der NASA und vielleicht auch den Euro-
Tunnel-Zug „Le Shuttle". Entsprechend lässt sich Shuttle am
besten mit „Pendeldienst" übersetzen. Der AIR BERLIN-
Spruch steht demnach für

♦ Fliege mit dem Euro-Shuttle (Euro-Pendeldienst)

Inzwischen hat sich AIR BERLIN von diesem Spruch verabschiedet und wirbt seit 2009 mit den beiden Wörtern „*Your
Airline"* (Deine/Ihre Fluggesellschaft).
Nun aber wird es wirklich international – nun wird es Zeit
für Österreich!

♦♦♦

WE FLY FOR YOUR SMILE
ODER: DIE ÖSTERREICHISCHE ART ZU FLIEGEN

Bei den Themen Österreich, Fliegen und Englisch muss ich unbedingt erst einmal von einer Begebenheit berichten, die ich vor einigen Jahren auf dem – zugegebenermaßen sehr kleinen – Flughafen von Graz erlebt habe. Dort wurden nämlich in einem Kiosk tatsächlich „Mozart's Balls" angeboten. Gemeint waren aber keine geheimnisvollen Reliquien, schließlich war Mozart auch alles andere als ein Heiliger, sondern einfach nur Mozartkugeln. Dass „balls" in Englisch umgangssprachlich für „Hoden" steht, war dem Betreiber des Verkaufsstandes offenbar nicht bewusst. – Im Allgemeinen werden Mozartkugeln übrigens in Englisch als „Mozart rounds" angeboten.

Mit Mozartkugeln hat die – inzwischen zur Lufthansa-Gruppe gehörende – Fluggesellschaft AUSTRIAN AIRLINES nicht direkt etwas zu tun. Die ehemals staatliche Fluglinie, die sich selbst – früher auch in Form eines Logos – ausgerechnet als AUA abkürzte, musste allein deshalb schon Einiges an Spott ertragen. Und auf die ebenfalls unglücklich benannte Tochtergesellschaft AUSTRIAN ARROWS wird später noch näher eingegangen.

Mit dem Spruch „We fly for your Smile" wirbt die größte österreichische Fluggesellschaft seit 2008. Die einzelnen Vokabeln dürften auch für durchschnittlich gebildete Österreicher und Deutsche kein Problem darstellen. Und dennoch konnte bei einer Befragung am Wiener Flughafen Schwechat etwa die Hälfte der befragten deutschsprachigen Fluggäste den Spruch nicht im Sinne der Fluggesellschaft übersetzen. Die häufigste Fehlinterpretation lag zwar nur knapp daneben, traf aber nicht den Kern; sie lautete:

♦ Wir fliegen (dich) für ein Lächeln

Tatsächlich muss man aber auch bei AUSTRIAN AIRLINES seine Tickets bezahlen, selbst dann, wenn man sehr nett lächelt. Zudem wäre im Zeitalter der Online-Buchung auch das schönste Lächeln nur virtuell zu übermitteln und das Verfahren wirtschaftlich nicht sonderlich sinnvoll.
Die Nuance, die den entscheidenden Unterschied ausmacht, liegt zwischen den Zeilen. Demnach meint AUSTRIAN AIRLINES:

♦ Wir fliegen, damit du dich wohlfühlst (für dein Lächeln)

Eng verbunden mit dem einstigen Vielvölkerstaat Österreich ist, historisch gesehen, die Türkei. Und auch die will sich global im Luftraum positionieren. Ob das funktioniert? Eine Frage des Glaubens …

GLOBALLY YOURS
ODER: DIE SACHE MIT DEM TÜRKISCHEN GLAUBEN

TURKISH AIRLINES startete 2010 auch in Deutschland mit einer Werbeoffensive, mit dem englischen Claim „*Globally Yours*", der ja nur aus zwei Wörtern besteht. Am Düsseldorfer Flughafen wurden deutsche Muttersprachler zur Bedeutung dieser Wörter befragt. Ziemlich genau die Hälfte der befragten Fluggäste (verschiedener Airlines) konnte den Claim sinngemäß übersetzen, die andere Hälfte nicht. Unter den mutigen Nichtwissern, die es trotzdem versuchten, kam es zu Antworten wie:

- Dein Glaube
- Dein Globus

Tatsächlich meint dieser Spruch in diesem Zusammenhang so viel wie:

- Weltweit für dich da

Sicherlich zufällig ist in diesem Zusammenhang, dass ein Jahr zuvor das deutsche Transport- und Logistikunternehmen BLG Logistics mit Sitz in Bremen den Claim „*Yours. Globally.*" publiziert hat.

♦♦♦

FLY EMIRATES. KEEP DISCOVERING.
ODER: WIE WAR DAS MIT DEN FLIEGENDEN TEPPICHEN?

Weiter geht's in den Orient. Mit dem Spruch „*Fly Emirates. Keep Discovering.*" wirbt die Fluggesellschaft EMIRATES (aus den Vereinigten Arabischen Emiraten) in deutschen Publikums- und Reisezeitschriften um Kunden.
Dieser Spruch ist zweigeteilt und besteht aus einer eher einfachen und einer etwas schwereren Hälfte mit je zwei Wörtern. Und in der Tat konnten fast alle am Frankfurter Flughafen dazu befragten Menschen deutscher Zunge die erste Hälfte richtig übersetzen. Dann aber wurde es knifflig. Denn was heißt nun eigentlich „Keep Discovering"? Das konnten nur

22 Prozent der Befragten ungefähr richtig interpretieren. Die phantasievollsten und sicher auch skurrilsten Übersetzungsversuche lauten:

- Fliege Emirates, bleibe verhüllt
- Fliege in die Emirate und achte auf Entdeckungen

„Entdeckungen" war schon nicht schlecht, wenn auch der Sinn verhüllt blieb. Die eigentlich intendierte Übersetzung lautet hingegen:

- Fliege mit Emirates und sei offen für Neues (bleibe entdeckungsfreudig)

Setzt dieser Claim schon Maßstäbe, legt der folgende noch eine luxuriöse Nuance obendrauf.

DEFINING LUXURY TRAVEL SINCE 1967
ODER: WIE HEBE ICH MICH VON DER TUI AB?

AIRTOURS ist keine Fluggesellschaft, sondern ein Reiseveranstalter, der zur TUI Deutschland GmbH gehört. AIRTOURS bietet hochwertige Reisen, meist zu Fernzielen, sowie Kreuzfahrten und Kreuzflüge an. Den eigenen Aussagen der Pressestelle des Unternehmens nach richtet sich das Veranstaltungsangebot hauptsächlich an Deutsche, Österreicher, Schweizer und Südtiroler. In Großbritannien gibt es übrigens einen unabhängigen Reiseveranstalter mit gleichem Namen, der aber wiederum nicht in den deutschsprachigen Ländern aktiv ist. AIRTOURS mit Sitz in Hannover bediente sich mit einer einzigen Ausnahme immer deutschsprachiger Claims, beginnend mit *„Die mit den Linienmaschinen"* (1974) und *„Urlaub mit*

Linie" (1985). 2004 gab es den ersten englischen Spruch *„Travel in style"* (Reisen mit Stil), der aber nur ein Jahr beibehalten wurde. Danach hieß es bis 2010: *„Klasse. Urlaub. Erleben."* bis der neue englische Spruch *„Defining Luxury Travel Since 1967"* eingeführt wurde.

Wie testet man nun den Spruch eines Unternehmens, das sich bewusst an Besserverdienende richtet und sich klar vom Standard-Pauschalurlauber abheben möchte? In diesem Fall gab es keine große repräsentative Untersuchung, sondern eine Trenderhebung in Form einer Kundenbefragung im Umfeld eines Golfausstatters in Hamburg. Obwohl man Bildung und Einkommen nicht immer verbinden kann, gab es in der Tat mit knapp fünfzig Prozent eine höhere Trefferquote bei den Übersetzungen als bei den meisten anderen Claimbefragungen. Dennoch traf die andere Hälfte der Antworten nicht unbedingt die gewollte Übersetzung, und es gab Vorschläge wie:

- ◆ Definier dich über Luxusreisen (seit 1967)
- ◆ Finde luxuriöse Reisezeiten von 1967

An sich keine uninteressanten Anregungen. Die Intention des Reiseveranstalters allerdings liegt eher in der Interpretation:

- ◆ Setzt Maßstäbe für Luxusreisen seit 1967

A STATE OF HAPPINESS
ODER: EIN FERIENDORF IM GLÜCKSZUSTAND?

Vom Luxus- zum einfacheren Familienurlaub: Zu Reise und Urlaub zählen auch Anbieter von Ferienhausanlagen. Einer der bekanntesten darunter ist CENTERPARCS. Dieser Anbieter warb 2006 sehr offensiv in Deutschland und benutzte den wortspielreichen Claim „A *State of Happiness*".

Wortspiele in fremden Sprachen sind immer besonders schwierig. Wer eine Fremdsprache gar nicht oder nur unzureichend spricht, kann kaum „zwischen den Zeilen lesen" und versteht Wortspiele nur selten.

Das bestätigte auch die entsprechende Befragung: Völlig korrekt konnten tatsächlich nur dreizehn Prozent den Spruch verstehen, immerhin aber glaubten 25 Prozent, ihn verstanden zu haben. Bei den „Glaubenden" gab es Übersetzungsversuche wie:

- ◆ Mit Glück Staat machen
- ◆ Statt happy zu sein
- ◆ Ein Staat der Glücklichkeit

Dabei spielte der Spruch auf die Mehrfachbedeutung des Wortes „state" an. Das kann sowohl einen Zustand beschreiben (Stadium) wie auch einen Ort (Staat/Land). Somit ist damit gemeint:

- ◆ Ein Platz (sowie ein Zustand) der Glückseligkeit

Inzwischen hat CENTERPARCS übrigens genug von solcher Glückseligkeit und seine Strategie geändert; man wirbt in Deutschland mit dem Spruch: „*Erleben Sie Nähe!*"

Die Top Ten der Werbesprache

Hier endlich die Nummer sieben der aktuellen Top Ten:

PROFESSIONAL

„Professional" ist ein Modewort der deutschen Werbung, das nicht so richtig auffällt, weil es seinem deutschen Pendant sehr ähnlich ist. „Professional" gibt es als Substantiv mit den Bedeutungen „Experte/Fachmann", aber auch „Berufssportler" (vgl. dt. „Profi") und „Angehöriger freier Berufe" und als Adjektiv zu übersetzen als „fachlich/fachmännisch", aber auch einfach als „beruflich".

Man könnte meinen, dass sich diese Begrifflichkeit eher im sogenannten Business-to-Business-Sektor wiederfinden ließe als in der Endverbraucher-Werbung. Aber gerade diese wird derzeit geradezu überschwemmt mit „Professional-Attributen".

Es gibt unter anderem:

professional skin care	= fachgerechte Hautpflege
professional hair care	= fachgerechte Haarpflege
professional nutrition	= fachgerechte Nahrung / Ernährung
professional home theatre	= fachgerechtes Heimtheater
professional styling	= fachmännische Formgebung
professional lightning	= fachmännisches Blitzlicht

„Professional" lässt sich dabei nicht immer einfach gegen „professionell" austauschen. Theoretisch ließe sich zum Beispiel der Werbespruch für teure BREITLING-Uhren „Instruments for Professionals" auch mit „Geräte für Berufstätige" übersetzen.

Letztendlich wird der Begriff aber sowohl auf Englisch als auch auf Deutsch als Gegenteil von dilettantisch und amateurhaft verstanden. Somit wird werblich eigentlich eine Selbstverständlichkeit behauptet, denn schließlich möchte kein Produkt als dilettantisch gelten.

Bei den bundesweit eingesetzten Werbesprüchen des letzten Jahrzehnts überwiegt inzwischen der Einsatz des englischen Wortes „professional" gegenüber dem deutschen „professionell" mit 75 zu 43 Verwendungen. Offensichtlich wird Professionalität professioneller, wenn sie auf Englisch zum Ausdruck gebracht wird.

Erste Werbepause:
Englisch macht das Leben schöner

Mit der englischen Sprache kann man in Deutschland ohne Zweifel unschöne Themen aufhübschen und viele Produkte für breitere Zielgruppen attraktiver und interessanter machen.

ANTI-AGING FLUID klingt einfach sympathischer als ANTI-ALTERUNGS-FLÜSSIGKEIT, und ein MOUNTAIN-BIKE verkauft sich besser als ein BERGFAHRRAD, besonders im Flachland. Wenn wir ehrlich sind, klingt auch EASYJET irgendwie dynamischer als LEICHTE DÜSE und JACK WOLFSKIN interessanter als JOHANNES WOLFS-HAUT.

Bestimme Branchen haben sich besonders mit englischer Werbeterminologie eingedeckt. Nachfolgend sind, nach Branchen geordnet, einige typische Beispiele aufgeführt, bei denen man in einigen Fällen zunächst nicht vermutet, dass hier etwas sprachlich verschönert wird, weil man sich schon so sehr daran gewöhnt hat. Zuweilen verwirrt aber auch ein Zuviel des schönen Englisch.

Kosmetik: Fragrance for Best Agers
Kosmetik ist eine klassische Branche für die Verschleierung und Aufwertung von Produkten durch die englische Sprache. Wobei hier vereinzelt – aber immer weniger – auch die französische Sprache (vgl. Eau de Cologne etc.) zum Einsatz kommt. „Fragrance for Best Agers" klingt einfach besser als „Duft für ältere Leute", bedeutet aber dasselbe. Eine Vielzahl von englischen Produktbezeichnungen wertet Produkte auf, die man mit einem deutschen Namen entweder gar nicht oder nur zu geringeren Preisen verkaufen könnte. Hier einige Beispiele:

Aquasource Fluid: Was ist wohl ein Aquasource Fluid, das von der Firma BIOTHERM angeboten wird? Es handelt sich dabei lediglich um Wasser (der Hersteller spricht von Thermalwasser), das man sich zur Erfrischung ins Gesicht sprühen kann. Hätte nur „Gesichtswasser-Sprüher" auf der Verpackung gestanden, könnte man es wohl kaum für 40,- EUR (à 50 ml) verkaufen.

Beauty Shave: Klingt besser als Damenrasierer, ist aber ein solcher.

Age Fitness Night Recharge: Dies ist eine Nachtpflege, die dem Alterungsprozess entgegenwirken soll. „Alters-Wiederaufladung" würde sich wahrscheinlich weniger gut verkaufen.

Smooth Away Vibe: Das Produkt knüpft an den Rasierer an und ist ein Haarentferner für Damenkörperhaar.

Cell U Light: Cellulite klingt irgendwie nicht sexy und „Anti-Cellulite-Massagegerät" erst recht nicht. Darum heißt das Produkt auch Cell U Light.

Diese Liste könnte beliebig fortgesetzt werden. Sowohl Produktnamen selbst als auch Namenszusätze und Anwendungsbeschreibungen klingen auf Englisch meist nicht nur gehaltvoller und hochwertiger – sondern wahrscheinlich auch interessanter für denjenigen, der nicht versteht, was der Name bedeutet.

Mineralölindustrie: Ausgepowert statt aufgetankt

Früher war Tanken kinderleicht. Da gab es Benzin, Super-Benzin und Diesel. Heute gibt es zum Beispiel allein bei SHELL:

V-Power 95 – Hieß früher einfach Super-Benzin oder 95-Oktan bleifrei. Normalbenzin gibt es in Deutschland nicht mehr bei SHELL.

V-Power Racing – Entspricht in etwa dem Benzin, das zuvor als „Super Plus" verkauft worden ist (Hochleistungstreibstoff mit 100-Oktan).

V-Power Diesel – Der gute alte Diesel.

FuelSave Super – Super-Benzin, das laut SHELL Kraftstoff spart – und deshalb teurer ist (neues Produkt).

FuelSave Diesel – Der Dieselkraftstoff, der beim Verbrauch sparen soll – und deshalb teurer ist (neues Produkt).

Dieser neuen Namens- und Produktstrategie folgen auch andere Mineralölgesellschaften. So haben bei ARAL folgende Spritsorten englische Namen: ULTIMATE, ULTIMATE 102 und ULTIMATE DIESEL. Ob hier Produkte durch die neuen Namen tatsächlich aufgewertet werden oder ob sie eher verwirren, muss sich noch erweisen.

Dienstleistungen: Solutions sind keine Lösung

Wussten Sie schon, dass es in Deutschland weit mehr Firmen und Marken gibt, die die Worte „Solution" oder „Solutions" beinhalten, als etwa in Großbritannien? Ein amerikanischer Geschäftspartner bemerkte einmal mir gegenüber, dass Deutschland ein sehr problembeladenes Land sein müsste, bei der Vielzahl von „Solutions", die hierzulande angeboten werden. Auch Amerikaner benennen ihre Firmen weniger oft mit „Solutions", weil sie ihren Kunden nicht immer Probleme einreden möchten.

„Solution" heißt auf Deutsch primär „Lösung" und zwar – wie auch das deutsche Wort – sowohl im intellektuellen als auch im chemischen Sinn. Wir Deutschen scheinen aber geradezu verliebt zu sein in den Begriff, anders wären knapp 5500 Unternehmensnamen in Deutschland und ca. 1200 deutsche Markennamen mit dem Wort „Solution(s)" nicht zu erklären. Insbesondere im IT-Sektor werden „Solutions" zuhauf angeboten, aber nicht nur dort. Ein Blick ins Unternehmensregister zum Stichwort „solution" zeigt uns z.B.:

SOLUTION Solarsysteme GmbH, Solution Factory e.K., SOLUTION Personal- und Managementberatung GmbH, SOLUTIONS Branding & Design Companies AG, Solutions! Styling, Promotion, Merchandising GmbH & Co. KG, Solutions Service GmbH, Solution Planung- und Projektentwicklungs-GmbH, Solutions in Plastics and Elastomers GmbH, Solutions in Metal Ltd., Solution Glöckner Vertriebs-GmbH und über 5000 weitere.

Bei der Fülle der Solutions, die in Deutschland zu finden sind, darf man aber bezweifeln, ob man sein Geschäft mit dieser Vokabel wirklich aufwertet.

Facility Manager

Beim Wort „Hausmeister" fallen uns meist etwas humorlose, einfach gestrickte Männer fortgeschrittenen Alters in grauen Kitteln ein, die sich besonders gegenüber Kindern autoritär aufführen. Diverse TV-Sendungen fördern derlei Klischees, die wahrscheinlich aus frühkindlichen Erfahrungen heraus geboren wurden und tief in unserem Unterbewusstsein verwurzelt sind. Natürlich ist dieses Vorurteil unfair, denn es gibt ganz bestimmt sehr freundliche, engagierte und intelligente Hausmeister- und Hausmeisterinnen. Dennoch schwirrt dieses „Kittelbild" irgendwie in unseren Köpfen herum und überträgt sich auch auf Firmen, die Hausmeisterdienste anbieten.

Da scheint es durchaus legitim, sich nach einer attraktiveren Bezeichnung umzusehen. Der Blick ins Englischwörterbuch liefert uns zum Begriff „Hausmeister" zunächst drei Vorschläge: „caretaker", „concierge" und „janitor". Zugegeben: Diese Begriffe klingen auf den ersten Blick auch nicht übermäßig sexy.

Wenn man aber aus dem „Haus" ein „Gebäude" oder eine „Anlage" macht und aus dem „Meister" ein „Leiter" oder „Koordinator", dann bekommt man einen „Facility Manager". Vielleicht hätte es auch ein „Gebäudemeister" oder eben ein „Gebäudemanager" getan, aber „Facility" klingt irgendwie wichtiger und professioneller.

Deshalb gibt es laut Unternehmensregister ca. 700 Firmen in Deutschland, die den Begriff „Facility Management" im Namen führen und überdies eine diese Zahl um ein Vielfaches übersteigende Menge an Firmen, die mit diesen Begriffen werben.

Sicher werden die meisten FM-Firmen („FM" = die inzwischen etablierte Abkürzung für Facility Management) angeben, mehr zu leisten als die klassischen Hausmeisterdienste, dennoch gibt es auch viele kleine und Kleinstbetriebe, die sich den üblichen Hausmeisteraufgaben widmen und trotzdem diesen englischen Namen wählen.

Consulting

Ein Berufsstand scheint in Deutschland auszusterben: die Berater. Doch keine Sorge, denn dafür nimmt die Anzahl der „Consultants" ständig zu. Für das englische Wort „consultant" gibt es eine Fülle von Übersetzungsmöglichkeiten. Das reicht vom „Facharzt" über den „Gutachter" bis zum „Referenten". In der Regel steht der Begriff aber für „Berater" oder „Beraterin" in den unterschiedlichsten Branchen, Kombinationen und Verantwortungsgraden. Es gibt beispielsweise jede Menge:

advertising consultants	= Werbeberater
beauty consultants	= Schönheitsberater
brand consultants	= Markenberater
business consultants	= Wirtschaftsberater
customer consultants	= Kundenberater
educational consultants	= Pädagogische Berater
energy consultants	= Energieberater
executive consultants	= Unternehmensberater
investment consultants	= Anlageberater

management consultants	= Betriebsberater
marketing consultants	= Marketingberater
software consultants	= Software-Berater
tax consultants	= Steuerberater

Manche dieser „Titel" klingen äußerst vielversprechend. Zumindest klingt „beauty consultant" interessanter als „Schönheitsberater". Und im Prinzip kann man jeden beliebigen Job mit einem „Consultant"-Zusatz aufwerten. Das kostet nichts, macht aber unter Umständen viel her. Ist nicht letztendlich jede Supermarkt-Kassiererin auch Customer-Consultant und jeder Pförtner ein Information-Consultant?

Diese Vorteile haben sich in Deutschland offenbar herumgesprochen. Denn inzwischen gibt es hierzulande knapp 18 000 Firmen, die den Begriff „Consulting" im Namen tragen und nur ca. 9000 Firmen – also halb so viel – die (noch) das Wort „Beratung" als Bestandteil des Unternehmensnamens führen.

Radio & Fernsehen: Voting for better entertainment
Viele Radiosender glauben, mit halb oder ganz englischen Namen ihre Attraktivität besonders bei jungen Hörern steigern zu können. Das betrifft öffentlich-rechtliche Sender in gleichem Maße wie private. Namen wie N-Joy, bigFM, YouFM, Harmony-FM, Skyradio, Radio Energy sind seit Langem Teil des medialen Alltags. Auch die Eigenwerbung bei Radio und Fernsehen, On-Air-Promotion genannt, bedient sich häufig der englischen Sprache. Von *„We love to entertain you"* (ProSieben) über *„Colour your life"* bei SAT.1 bis hin zu unzähligen Aktionen, Promotions und Werbeinitiativen wie *„hot or not"* (bigFM). Auch Sendetitel der unterschiedlichsten Formate tragen zunehmend englische Namen, unabhängig davon, ob es ganz eigene Formate sind, wie z.B. *ZDF-History,* Lizenzformate wie *Germany's next Topmodel* oder einfach die Beibehaltung von Originaltiteln wie *Crimi-*

*nal Intend, Boston Legal, The District, The Closer, Law &
Order*, obwohl alle diese Serien ansonsten auf Deutsch syn-
chronisiert wurden.

Ob jetzt das Wort „News" aktueller klingt als Nachrichten
oder „Late Night Show" interessanter als „Spätschau", mag
jeder selbst entscheiden. An vieles haben wir uns schon derart
gewöhnt, dass uns zuweilen die deutsche Version exotischer
vorkommt als der englische Titel. So würde „Die ultimative
Tabellenschau" statt „Chartshow" ebenso merkwürdig klingen, wie „Großer Bruder" statt „Big Brother". Bewusst die
Attraktivität steigernde englische Vokabeln werden aber
gerne dort eingesetzt, wo die Zuschauer gar nicht so intensiv
nachdenken sollen. Das fällt insbesondere bei der Vielzahl der
telefonischen Abstimmungen auf, die meistens gebühren-
pflichtig sind (und an denen die Sender verdienen): Häufig
nennt man diese „Voting". Manche Sender weisen sogar auf
mehrere „Votings" hin, obwohl es im Englischen dieses Wort
nicht im Plural gibt. „Voting" heißt auf Deutsch „Wahl/Ab-
stimmung"; „Kandidaten-Voting" klingt aber attraktiver als
etwa „gebührenpflichtige Abstimmung". Diese Einbindung
in die mediale Alltagssprache führt leicht zu Denglisch-Kapri-
olen, wie sie zum Beispiel in häufiger Wiederholung beim
Radiosender 1live (WDR) gehört werden konnten. Da ani-
mierte ein Sprecher das Publikum regelmäßig mit den Worten: „Ihr könnt voten, welcher Act performed werden soll".
Dabei ging es darum, zu wählen, welche Musikstücke eines
Künstlers im Rahmen einer Konzertveranstaltung zur Auf-
führung gelangen sollten.

Mode & Lifestyle – Trendsetter auch für die Sprache?

Mode, Schmuck und Kosmetik waren früher – mit Ausnahme des sportlichen Teils – häufig auch sprachlich in französischer oder italienischer Hand. Das ging so weit, dass man öfters sogar entsprechend klingende Personen erfand, die es gar nicht gab. Der ahnungslose Verbraucher mag vielleicht RENÉ LEZARD für einen französischen Modeschöpfer halten, zumindest aber für ein französisches Bekleidungshaus. In Wahrheit stammt die Marke jedoch aus dem unterfränkischen Schwarzach im Landkreis Kitzingen, die dort 1978 von Thomas Schaefer gegründet wurde.

Und auch CARLO COLUCCI sucht man vergeblich auf Mailänder Modeschauen, denn diesen Herrn gibt es nicht – zumindest nicht als Modeschöpfer. Er ist eine Erfindung des Unternehmers Wilhelm Nägelein aus dem mittelfränkischen Herrieden bei Ansbach, wo das Unternehmen CARLO COLUCCI noch heute seinen Sitz hat.

Uhren und Schmuck wurden sprachlich gerne der Region Genf – also der französischsprachigen Schweiz – zugeordnet und auch der Hamburger Nobelschreibgeräte-Hersteller MONTBLANC verortet sich imagemäßig eher in der französischen Alpenregion.

Ebenso ist der Kosmetikbereich eine klassische Domäne der französischen Sprache, man denke nur an die Bezeichnungen „Eau de toilette", „Eau de Cologne" u. v. m.

Aber auch in diesen Segmenten ist die englische Sprache in Deutschland auf der Überholspur, auch – und gerade – in Form zuweilen herausfordernder Werbesprüche.

IMPOSSIBLE IS NOTHING
ODER: WAS IN DER WERBUNG NICHT ALLES
MÖGLICH IST

Beginnen wir mit der sportlichen Mode, in der es immer schon englische Bezeichnungen gab. Hier liefert uns ADIDAS einen besonders interessanten Fall, denn die Wirkung von Werbesprache kann immer dann besonders gut studiert werden, wenn ein und derselbe Spruch in zwei Sprachen für zwei verschiedene Produkte genutzt wird. Das ist bei dem Satz *„Impossible Is Nothing"* der Fall. Er wirbt – mit Unterbrechungen – in Englisch seit 2004 in Vorbereitung der Fußball-WM 2006 in Deutschland für die Sportbekleidungsmarke ADIDAS und in Deutsch schon seit 1985 für TOYOTA.

Im Rahmen der 2006er Claimstudie wurde der englische Spruch von 42 Prozent der Befragten verstanden, was im Vergleich zu anderen englischen Sprüchen schon recht ordentlich ist. Erschütternd, ja fast schon nihilistisch klingen aber einige der dokumentierten Fehlübersetzungen, die unter anderem lauten:

- ♦ Imposant ist nichts
- ♦ Ein imposantes Nichts

Tatsächlich gemeint war das, was TOYOTA schon seit über einem Vierteljahrhundert dem deutschsprachigen Publikum verkündet:

- ♦ Nichts ist unmöglich

Der Vergleich der englischen und deutschen Version sagt auch etwas über die Alltagsrelevanz eines Werbespruches. *„Nichts ist unmöglich"* kann man auch in der eigenen, alltäglichen Sprache verwenden. Durch die große Bekanntheit der Werbung kann so eine positive Verbindung zur Marke TOYOTA hergestellt werden. *„Impossible Is Nothing"* hingegen wird ein deutscher Muttersprachler in seinem persönlichen, deutschen Umfeld kaum benutzen, weder privat noch geschäftlich.

IT'S A SNEAKER THING
ODER: SPORTSCHUHE SIND AUCH NUR SCHUHE

Das amerikanische Einzelhandelsunternehmen FOOT LO-CKER, einst eine Tochtergesellschaft der Kaufhauskette WOOLWORTH, verkauft auch ADIDAS, darüber hinaus aber weltweit fast alle Arten von straßentauglichen Turnschuhen. Diese nennt man „Sneaker" (Schleicher), ein Anglizismus, der sich insbesondere seit der Jahrtausendwende auch in Deutschland stark verbreitet hat. Aber offenbar ist er insbesondere in der Zielgruppe „30plus" noch nicht stark genug verankert; denn bei einer Testbefragung zur Bedeutung des Spruches *„It's a Sneaker Thing"* versagten siebzig Prozent der über Dreißigjährigen, aber immerhin auch noch 42 Prozent der bis 29-Jährigen. Dafür gab es so interessante wie auch olfaktorisch inspirierte Antworten wie:

- ◆ Das Ding mit der Schlange
- ◆ Denk daran, es riecht

Verbindet man allerdings den Spruch mit Werbemotiven von FOOT LOCKER, nimmt die Zahl derer, die den Spruch mit dem Thema Schuhe verbinden, merklich zu. Denn gemeint war ungefähr:

- Es ist eine Sache /Frage der Sneakers
- Sportschuhe (Sneakers) sind unser Ding

Der Begriff „footlocker" heißt ins Deutsche übersetzt übrigens schlicht „Truhe" und nicht etwa „Fußschließer". Obwohl „locker" natürlich etwas mit schließen zu tun hat, steht die Vokabel allein doch auch für das deutsche Wort Spind.
Im Herbst 2010 gab es als Kooperation mit ADIDAS eine Werbekampagne mit einer neuen Überschrift „*A Sneaker Way of Life*" und dem Untertitel: „*adidas Decade Hi Sleek Styled for Foot Locker*". Nach den bisherigen Erfahrungen wäre die korrekte Übersetzungsquote bei diesem Spruch definitiv noch geringer. „Hi Sleek Style" steht übrigens für hohe, über den Knöchel gehende Sportschuhe.

IT'S AN ADDICTION
ODER: SÜCHTIG NACH ADDITIONEN?

Bleiben wir bei Fußbekleidung und wenden wir unseren Blick nach Österreich. Die österreichische Einzelhandelskette für Schuhe mit dem wenig alpenländischen Namen HUMANIC warb 2009 mit dem Spruch „*It's an addiction*". Das war offensichtlich eine große Herausforderung für die deutschsprachigen Kundinnen und Kunden.

Zugegeben, „Addiction" klingt ein wenig nach „Addition", was bekanntlich etwas mit „Zusammenzählen" zu tun hat. Oder hat es etwas mit „ad" (Anzeige) zu tun – oder ist es einfach nur „Advertising" (Werbung)?

Danach gefragt, glaubten 41 Prozent, den Sinn und Inhalt dieses Werbespruches verstanden zu haben. Tatsächlich wusste aber nur knapp ein Drittel (32 Prozent) ungefähr, was gemeint war. Der Rest erging sich in Übersetzungen wie:

♦ Es ist eine Addition
♦ Es ist ein Süchtiger

oder eben

♦ Es ist Werbung

Mit der letzten Aussage liegt man zwar grundsätzlich nicht völlig falsch, aber gemeint hat das Schuhhaus etwas anderes. Und zwar sollte es mit einem Augenzwinkern heißen, dass HUMANIC süchtig macht (addiction = Sucht, Abhängigkeit). Der Spruch richtet sich somit vor allem an Frauen, wobei das Klischee bemüht wird, dass Frauen nie genug Schuhe haben können.

♦ (HUMANIC) Macht süchtig

Spätestens seit der massiven TV-Werbung für das Internet-Schuhportal ZALANDO nehmen die Vermutungen zu, dass Frauen von Schuhen tatsächlich süchtig werden können. (Für die, die das nicht gesehen haben: In der ZALANDO-Werbung bekommen Frauen regelmäßig Kreischanfälle bei dem Anblick von High-Heels.)

IMAGINATION WALKS
ODER: SCHUHE, DIE UNS SPANISCH VORKOMMEN

Eine nahezu beispiellose Markenkarriere begann für die 1975 gegründete Schuhmarke CAMPER in den Neunzigerjahren. Wobei CAMPER übrigens nichts mit Camping zu tun hat, sondern die mallorquinische Bezeichnung für „Bauer" ist. Deren Gepflogenheit, alte Autoreifen als Schuhsohlen zu benutzen, diente dem Gründer Lorenzo Fluxá als Inspiration für das erste CAMPER-Schuhmodell mit einer übergroßen Noppensohle. Der Firmensitz befindet sich in der Stadt Inca auf Mallorca.

Inzwischen ist die Marke auf der ganzen Welt verbreitet. Deutschland, Österreich und die deutschsprachige Schweiz zählen zu den wichtigsten Absatzmärkten der spanischen Schuhmarke. Dementsprechend wird auf diesen Märkten auch geworben, vorzugsweise mit viel Bild und wenig Wort. Auf einer typischen Imageanzeige aus dem Jahr 2008 gibt es außer dem Markennamen nur zwei Wörter – und die sind Englisch. Das Bildmotiv, auf das der Zwei-Wort-Claim offensichtlich Bezug nehmen soll, zeigt übrigens eine stehende Frau, deren Kopf und Oberkörper von einem riesigen rosafarbenen Luftballon verdeckt wird, sonst nichts. Und er lautet *Imagination walks*". Dazu wurden vor dem Fabrikverkauf auf Mallorca deutsche Touristen befragt, mit der Bitte, ihre Vorstellung vom Inhalt dieses Spruches mitzuteilen. Das Ergebnis war ernüchternd; nur knapp zehn Prozent der so Befragten hatten eine halbwegs zutreffende Interpretation. Andere rätselten in Richtungen wie:

- Zauberhaft walken (walken im Sinne von wringen und walken)
- Wie auf Bildern gehen

Die Übersetzung ist auch gar nicht so einfach, da der Spruch symbolisch gemeint ist. Die (wörtliche) Übersetzung dazu lautet:

- (Die) Vorstellungskraft geht/läuft (= bewegt etwas)

Inzwischen hat sich aber CAMPER auch in Deutschland von diesem Claim verabschiedet. Seit 2010 heißt es einfach „*Extraordinary crafts*". In einem Schnelltest mit fünfzehn Personen auf der Kölner Ehrenstraße, einer trendigen Einkaufsstraße, übersetzten alle diesen neuen Spruch mit „extraordinäre Kräfte". Gar nicht schlecht, aber leider falsch. Richtig wäre gewesen: „Außerordentliches Handwerk".

ADJUST YOUR COMFORT ZONE
ODER: KOMFORTABLE JUSTIERUNGEN

Der Hersteller für funktionelle Sportbekleidung ODLO warb 2009 mit ganzseitigen Anzeigen bundesweit in verschiedenen Magazinen mit dem Motiv eines Querfeldeinläufers bei schlechtem Wetter (also nicht unbedingt eine freundliche Einladung zum Laufsport). Gekrönt wurde diese Kampagne in der Bildmitte mit dem Spruch „*Adjust your comfort zone*". Zwei Wörter dieses englischen Spruches gibt es ja auch im Deutschen: „Zone" und „Comfort", auch wenn letzteres deutsch eigentlich mit „K" am Anfang geschrieben wird. Also sollte diese Aufforderung wohl irgendetwas mit einer „komfortablen Zone" zu tun haben, beziehungsweise mit „Bequemlichkeit", denn dafür steht ja das Fremdwort Komfort/Comfort. Das dachten tatsächlich auch viele Befragte der Studie und übersetzten für sich den Spruch mit:

♦ Passen Sie Ihre Bequemlichkeit an
♦ Forme deine Zone

Aber auch

♦ Nehmen Sie Ihre Schokoladenseite wahr
♦ Passen Sie Ihren Stil der Umgebung an
♦ Genieße dein Inneres

wurden genannt, obwohl der Hersteller etwas ganz anderes im Sinne hatte. Das Hauptproblem bei dieser Aufgabe lag gar nicht in der Übersetzung von „Comfort Zone" – und dass „adjust" etwas mit „justieren/einstellen" zu tun hat, wussten auch viele –; aber was ist denn überhaupt eine Komfortzone, und wieso soll man sie einstellen? In einem Hotel mag der Wellnessbereich als „Komfortzone" bezeichnet werden, aber wo ist die bei einem Jogginganzug?

Die von ODLO intendierte Übersetzung lautet:

♦ Jeder kann selbst seine Komfortzone einstellen

bzw. abstrahiert:

♦ Finde deinen Wohlfühlzustand

Gemeint ist laut Hersteller der Klimakomfort durch die Wahl der Funktionsbekleidung. Jeder Sportler, so ODLO auf Nachfrage, ist unterschiedlich wärmeempfindlich. ODLO bietet eine große Auswahl an Bekleidung; diese kann je nach Wetter und Wohlbefinden kombiniert werden. Der Claim soll aussagen, dass der Konsument, der ODLO trägt, sich dank dieser Bekleidung immer in einem angenehmen Zustand befindet.

Er fühlt sich wohl und kann sich ungehindert auf seine sport-liche Aktivität konzentrieren. Nur zwanzig Prozent der Be-fragten konnten das so übersetzen. Dreißig Prozent meinten, die Lösung zu kennen, lagen aber mit ihren Übersetzungsver-suchen daneben. – Hätten Sie's gewusst?

NEVER STOP EXPLORING
ODER: OUTDOOR DAS GESICHT VERLIEREN?

Es gibt einen Sport- und Außenbekleidungshersteller, der mit der englischen Sprache noch etwas mehr verwirren kann als ODLO. Das beginnt schon mit seinem Namen, den die meis-ten Deutschen anders deuten, als von den Gründern der Marke gewollt. Die Marke heißt THE NORTH FACE. Sämt-liche zu diesem Namen befragten deutschsprachigen Konsu-menten übersetzten das falsch oder gar nicht. Die meisten Antworten lauteten – durchaus nachvollziehbar – wie folgt: „Das Nordgesicht" bzw. „Das Gesicht des Nordens".
Tatsächlich lautet die gewollte Übersetzung aber „Die Nord-wand". So heißt die bekannte „Eiger Nordwand" in der Schweiz auf Englisch „Eiger north face" (auch „north face of Eiger"). Darauf bezieht sich aber die amerikanische Marke nicht, sie widmete ihren Namen der Nordwand des Berges „Half Dome" im Yosemite-Nationalpark in Kalifornien, des-sen stilisierte Silhouette auch das Logo der Marke schmückt. Die Fehldeutung des Namens stellt aber für den Erfolg der Marke in Deutschland kein Problem dar – zumal „Das Ge-sicht des Nordens" doch auch ganz positiv klingt. Mit weite-ren englischen Werbeaussagen könnte das etwas anders aus-sehen. Im Jahr 2010 startete THE NORTH FACE eine Kam-pagne, hauptsächlich auf Großflächenplakaten, mit dem Spruch *„Never stop exploring"* als einzigem Text.

Diesen konnten nur sechzehn Prozent der dazu Befragten übersetzen, andere kamen zu Ergebnissen wie:

- Höre niemals auf, (dich) auszustellen
- Damit du nicht explodierst

Gemeint ist aber ein Appell an den Forschergeist der NORTH-FACE-Kunden im Sinne von:

- Höre niemals auf, zu erkunden (Erhalte deinen Forschungstrieb)

Was immerhin besser ist als zu explodieren.

◆◆◆

SOUND MIND, SOUND BODY
ODER: KÖRPERTÖNE GEHEN GAR NICHT

Die japanische Sportschuh- und Sportbekleidungsmarke ASICS besitzt sogar einen Markennamen, der aus einem bekannten Zitat hervorgegangen ist. Und zwar abgeleitet aus dem lateinischen Spruch „Anima Sana in Corpore Sano". Was auf Deutsch sinngemäß heißt: „Ein gesunder Geist in einem gesunden Körper" und gemeinhin dem römischen Dichter Juvenal zugeschrieben wird. Was heißt jetzt aber der Spruch *„sound mind, sound body"*, mit dem die Marke seit 2007 in Deutschland – als Teil einer globalen Kampagne – wirbt?

Eine Umfrage vor einem großen Sportstudio sollte halbwegs die Zielgruppe der Marke abbilden. Bei einem kleinen Test mit 68 Befragten konnte allerdings kein Einziger den Spruch im Sinne der Marke übersetzen. Die meisten mutmaßten etwas wie:

- ◆ Klingt der Geist, dann tönt der Körper.

oder

- ◆ Mit Musik einen super Körper ...

Niemandem war bekannt, dass die englische Vokabel „sound" in seltenen Fällen auch als Adjektiv für „gesund" stehen kann. So bildet der Claim den lateinischen Namensgeberspruch (gesunder Geist in gesundem Körper) ab. Wer hätte das gedacht?

LIVE UNBUTTONED
ODER: WER HAT DIESE WERBUNG AUFGEKNÖPFT?

Bei der Jeansmarke LEVI'S beginnt der Streit der Experten schon gleich einmal, wenn es um die korrekte Aussprache des Markennamen selbst geht. Die meisten Deutschen sprechen den Namen deutsch wie „Lewis" aus, nach dem deutsch-jüdischen Auswanderer Levi Strauss, der bekanntlich als Erfinder der Bluejeans im Allgemeinen und der Marke LEVI'S im Speziellen gilt. Amerikaner, Engländer und polyglotte Deutsche reden aussprachetechnisch von „Lieweiß", wenn sie diese Jeansmarke meinen.

Ganze Generationen wissen auch, dass die LEVI'S 501 Kult ist und um richtig original zu sein, auf keinen Fall einen Reißverschluss haben darf, sondern nur Knöpfe an der Hosenleiste.

Die Werbung dazu verwirrt aber die deutsche Kundschaft ein wenig. „Button" heißt bekanntlich „Knopf". Zugegeben, das wissen nicht alle, aber viele werden damit konfrontiert, schließlich gibt es genug Gebrauchsanweisungen technischer Geräte, die über einen „Button" verfügen. Die Vorsilbe „un-" steht in beiden Sprachen, Deutsch wie Englisch, für eine Negierung. Und da das Wort „live" („leben", „lebendig" aber auch „direkt", z. B. bei TV-Übertragungen) als noch bekannter eingestuft werden kann, sollte die Übersetzung eigentlich kein Problem darstellen.

Aber was will uns *„live unbuttoned"* nun sagen? Sollen wir etwa die kultigen Knöpfe abschneiden oder die Hosen einfach nicht mehr zuknöpfen? Eventuell hat es ja auch etwas mit den mehrfach gepiercten Girlies und Boylies zu tun, welche die entsprechende Werbekampagne schmücken. Vielleicht soll man ja demnächst die Knöpfe weglassen und Piercings in die Knopflöcher haken? Ein gewisser Aufforderungscharakter des Werbespruches ist ja unverkennbar.

Einige der über eintausend zu diesem Spruch befragten Deutschen (keine/r davon übrigens älter als 49 Jahre) fanden dazu Übersetzungen wie:

- ◆ Leben ohne Knöpfe
- ◆ Unbekleidet leben
- ◆ Leben bodenlos
- ◆ Leben am Knopf
- ◆ Ohne Hintern leben/Keinen Arsch in der Hose haben

Da gab es offensichtlich auch Verwechslungen von „button" (engl. Knopf, die Taste) und „bottom" (engl. der Boden, aber auch das Gesäß).

Die beabsichtigte Übersetzung baut auf die im Englischen wesentlich deutlichere Doppeldeutigkeit des Begriffes „to be unbuttoned" („nicht zugeknöpft sein"). Den deutschen Marketing-Verantwortlichen von LEVI'S wäre eine zu wörtliche Übersetzung à la „Sei nicht zugeknöpft" nicht „cool" genug. Sie sehen lieber eine sehr freie Interpretation:

- ◆ Sei frei/Sei du selbst
- ◆ Lebe ungezwungen

Gleichwohl wurde eine Übersetzung wie „Sei nicht zugeknöpft" als der Absenderintention entsprechend gewertet. Trotzdem konnten erstaunlicherweise insgesamt nur vierzehn Prozent der Antworten als „richtig" eingestuft werden. 24 Prozent glaubten zu wissen, was gemeint ist, allerdings lagen damit zehn Prozent von allen zumindest partiell falsch und die große Mehrheit von 76 Prozent konnte mit diesem Spruch rein gar nichts anfangen. Bei einer Vergleichsumfrage des TV-Senders RTL fiel die Quote der richtigen Antworten zu diesem Spruch noch geringer aus.

WEAR THE PANTS
ODER: DIE ANSPRACHE DER HOSENTRÄGER

Eine weitere Marke von LEVI STRAUSS & CO. kam erst 1986 auf den Markt und heißt DOCKER'S. Diese Marke wurde insbesondere durch ihre Khaki-Hosen in den Achtzigerjahren bekannt. Inzwischen gibt es alle möglichen Hosen, Hemden, Pullover und Accessoires von DOCKER'S, hauptsächlich für Männer. Der Name bezieht sich auf Hafenarbeiter (engl. „docker" = „Hafen-/Dockarbeiter"), entsprechend besteht das Logo der Marke aus einem stilisierten Anker.

Mit einer bundesweiten Plakat- und Anzeigenkampagne, die nur aus einem Foto, das lediglich Hosen an einer Kleiderstange hängend zeigte, und dem Spruch „*Wear the pants*" bestand, warb die Marke 2010 um Kunden. Dieser eigentlich recht einfache Spruch stößt allerdings, fragt man bei Konsumenten nach, bei vielen auf Unverständnis im wahrsten Sinne des Wortes. Nur ein Viertel der Befragten konnte ihn übersetzen. Einige Fehlversuche stellten die von Besorgnis zeugenden Fragen:

- Wo sind die Kinder?
- Wo sind die Hosen?

Tatsächlich heißt der Spruch einfach:

- Trage die Hose(n)

Die spannende Frage, die sich dabei aufdrängt – die sich aber aufgrund mangelnder Laborsituation leider nicht klären lassen wird – heißt: Welche Werbung wirkt besser, die mit dem von drei Viertel der Zielgruppe nicht verstandenen englischen Spruch oder die äußerst banale (um nicht zu sagen: plumpe) deutsche Übersetzung?

BE STUPID
ODER: WIE DUMM DARF WERBUNG SEIN?

Die Modemarke DIESEL ist für außergewöhnliche Werbung bekannt. „*For successful living*" lautete über viele Jahre ihr selbstbewusster Claim. Das konnten zwar auch nicht alle Jeans-Käufer in Deutschland übersetzen, aber erfolgreich war die Marke trotzdem, getreu der deutschen Adaption „Für ein erfolgreiches Leben".

2010 änderte DIESEL seinen Markenspruch in *„be stupid"*. Ein erster Test mit Besuchern eines Modegeschäftes in Köln, in dem Werbemotive von DIESEL mit eben diesem Spruch an den Wänden hingen, ergab, dass nur ein Drittel den Slogan im Sinne der Marke verstanden hatte. Von den anderen ergab die Bitte um Übersetzung Antworten wie:

- Sei stupide
- Sei nicht stumpfsinnig
- Nichts für Sture

Gemeint war bewusst provokativ – und quasi als Pendant zum deutschen MediaMarkt-Spruch „Ich bin doch nicht blöd" – tatsächlich

- Sei dumm/Stell dich doof

Die Marketingverantwortlichen von DIESEL präferieren die Adaption:

- Lass der Dummheit freien Lauf

Begleitet wird dieser Spruch von einer Kampagne, auf deren Motiven Personen gezeigt werden, die sich extrem merkwürdig verhalten. Dazu gibt es – ebenfalls in englischer Sprache – Wortspiele, die man nur dann versteht, wenn man die doppelte (zuweilen nicht ganz stubenreine) Bedeutung bestimmter Vokabeln kennt und in Bezug zum gezeigten Bild setzt. Allerdings ist die Konsumentenprovokation Teil des Marketingkonzepts, das von der Londoner Agentur „Anomaly" erarbeitet worden ist. Darin geht es nicht um Dummheit an sich, sondern um Risikobereitschaft und Kreativität. Die deutsche Marketingabteilung von DIESEL kommentiert die Botschaft des Claims wie folgt: „Wer nicht wagt, der nicht gewinnt. Nur diejenigen, die etwas wagen, neue Wege beschreiten, andersartige Ideen haben, werden langfristig erfolgreich sein."

Dementsprechend geben die Internetseiten von DIESEL natürlich auch Antworten auf die Frage, warum man dumm sein soll. Unter der Frage „Why be stupid?" gibt es auszugsweise folgende Antworten:

- ◆ You'll have more sex (Du wirst mehr Sex haben)
- ◆ You'll spend more nights away from home (Du wirst mehr Nächte nicht zuhause verbringen)
- ◆ You'll create more (Du wirst mehr kreieren)
- ◆ … And yes, you could die. Just not of boredom (Und ja, du kannst auch sterben, nur nicht an Langeweile.)

Die Kampagne wurde von der Fachwelt hoch gelobt und bietet zweifelsohne in vorbildlicher Form das, was eine Marke ausmacht: nämlich *anders* zu sein als die anderen. Einzig und allein die Frage, ob das alles auch von allen verstanden wird, dürfte den ersten Indizien nach eher negativ zu beantworten sein. Ob das Verstehen allerdings überhaupt wichtig ist für den Markterfolg, darauf wird an anderer Stelle noch näher eingegangen.

FUEL FOR LIFE
ODER: SPRIT FÜR DEN SPIRIT

DIESEL macht nicht nur Mode, unter dieser Marke gibt es auch Parfüm. Hätte man – unabhängig von der Modemarke – in einer konservativ angelegten Marktforschung gefragt, welcher Name sich gut für einen Duft eignet, wäre DIESEL ganz sicher nicht dabei gewesen. Im Gegensatz zu dem italienischen Parfüm ROCKFORT, das wegen seiner Ähnlichkeit zum sehr aromatischen Schimmelkäse „Roquefort" insbesondere in Frankreich auf Zurückhaltung stößt, verkauft sich DIESEL-Parfüm in Deutschland – trotz seiner Namensgleichheit mit dem öligen Treibstoff – vergleichsweise gut.

In der Werbung spielt die Marke mit diesem Thema in Form des Claims *„Fuel for Life"*. Aber das verstehen nicht alle potentiellen Konsumenten. Erstaunlicherweise können diesen Spruch noch etwas weniger korrekt interpretieren als *„be stupid"*, nämlich nur 28 Prozent der Befragten. Einige deuteten den Claim übrigens als:

♦ Fühle das Leben

Die meisten derer, die wussten, dass „fuel" „Treibstoff" heißt, konnten den Spruch auch richtig interpretieren, aber das war offensichtlich eine Minderheit. Gemeint ist natürlich:

♦ Treibstoff fürs Leben

Die Anspielungen auf den Autotreibstoff werden in der Werbung durch weitere Sprüche wie *„finally legalized"* (endlich gesetzlich erlaubt) und *„use with caution"* (Verwendung nur mit Vorsicht) unterstützt. Das Parfüm gibt es übrigens für Damen und Herren in unterschiedlicher Aufmachung. Also: Volltanken!

Die Top Ten der Werbesprache

Zeit für Platz sechs unserer aktuellen Top Ten:

BETTER & BEST

Das englische Wort „best" ist besser als die deutschen Worte „beste", „bester" und „am besten"; das ergibt sich aus der Auswertung der entsprechenden Claimstatistik. Laut Slogans.de gibt es in der Zeit von 2000 bis 2010 auf dem deutschen Markt 578 Claims mit dem englischen Wort „best", aber zusammen nur 466 Claims mit den deutschen Vokabeln „beste", „bester" und „am besten".

Lediglich das Wort „besser" kommt derzeit noch etwas häufiger in Werbesprüchen vor als das englische Wort „better", aber „better" ist auf dem Vormarsch. Auch als Wortbestandteile von Marken gibt es „best" und „better" immer häufiger in Deutschland, obwohl diese Begriffe als qualitätsbeschreibende Merkmale nicht wortmarkenfähig sind.

Dabei geht es keineswegs nur um angloamerikanische Unternehmen wie etwa BEST WESTERN (Hotels), sondern auch um eine Vielzahl deutscher kleiner und mittelständischer Unternehmen. Darunter beispielsweise so vielsagende Marken wie:

Let's travel better	(Lass uns besser reisen)
Better Solutions	(Bessere Lösungen)
Better Walking	(Besser gehen)

In den genannten Fällen handelt es sich um sogenannte Wort-Bildmarken, d. h. nur das jeweilige Logo ist geschützt. Die Wörter können in der Regel hier nicht geschützt werden, da sie beschreibend verwendet werden.

Bei den Wörtern „best" und „better" gibt es aufgrund der großen Ähnlichkeit mit den entsprechenden deutschen Vokabeln eigentlich keine Verständnisschwierigkeiten, dennoch stellt sich in vielen Fällen die Frage nach der Notwenigkeit für die jeweils englische Variante.

◆◆◆

FASHION FOR LIVING
ODER: VOLKSMODE AUF NEUEN WEGEN

Fast könnte man das Bekleidungshaus C&A als eine Art Gegenpol zu solchen Marken wie DIESEL bezeichnen. Die traditionelle Modehauskette der als sehr konservativ bekannten deutsch-holländischen Familie Brennikmeijer gibt sich zwar seit den Neunzigerjahren alle Mühe, ein jugendlicheres und modischeres Image zu erlangen, aber nur mit gemischtem Erfolg. Der Name C&A bezieht sich übrigens auf die Gründer und Brüder Clemens und August (Brennikmeijer).

In den Neunzigern standen hochgelobte, MTV-würdige TV-Spots mit vielen jungen Leuten im Erfahrungsgegensatz zur Wirklichkeit in den Geschäften, in denen ein oftmals älteres Publikum und ein reichlich steifes Personal dominierten. Hinzu kam die Geschäftspolitik, nur Eigenmarken zu vertreiben – also keine Chance für DIESEL & Co. –, sowie die Erlebnisse einer Aufsteigergeneration, die C&A als die preiswerte Modebezugsquelle ihrer Mütter und Großmütter kennengelernt hatte und sich davon bewusst absetzen wollte. Ein Werbespruch-Klassiker aus der Nachkriegszeit lautete 1960: *„Prüfe hier, prüfe da, kaufe dann bei C&A."*

Die Einführung des eingangs genannten englischen Claims im Jahr 2000 fällt in die Zeit des Bemühens um jugendlichere Kunden. Dabei war das der zweite Anlauf mit der englischen Sprache in Deutschland. Der erste erfolgte vier Jahre zuvor mit den (auch) nicht sehr originellen Worten *„Fashion & more"* (Mode und mehr).

Der Spruch *„Fashion for living"* war Gegenstand eines Vortests im Rahmen der großen 2003er Claimstudie. Dazu wurden Passanten in der Kölner Fußgängerzone (Schildergasse) vor einer C&A-Filiale gebeten, ihre Deutsch-Interpretationen zu dem für Englisch-Kenner nicht sonderlich schweren Spruch abzugeben.

Tatsächlich konnte das auch knapp mehr als die Hälfte richtig übersetzen. Bei der anderen Hälfte gab es in Einzelfällen durchaus stilblütenartige Übersetzungsversuche wie:

♦ Mode zum Wohnen
♦ Leben nach deiner Fasson

Gemeint war schlicht und einfach:

♦ Mode zum Leben

Allerdings hielt sich der Spruch nicht lange. Bereits 2005 stellte C&A seinen Claim wieder auf Deutsch um mit dem Spruch: *„Preise gut. Alles gut."* Darauf folgte 2008 noch ein kurzer Versuch in Englisch mit *„We are family"*, der aber 2009 wieder aufgegeben wurde. Seitdem heißt es bei C&A in reinstem Deutsch: *„Mode günstig kaufen"*.

THE ARCHITECTS OF FABRICS
ODER: DER VERSUCH EINER MODEARCHITEKTUR

ALLEGRI ist (tatsächlich) eine italienische Modemarke mit junger, hochwertiger Prêt-à-porter-Mode für Sie und Ihn, die hauptsächlich in Hochglanz-Modezeitschriften wirbt und zwar immer mit dem Claim *„The Architects Of Fabrics"*.

Bei dem Spruch macht es einen großen Unterschied, ob man nur die reinen Worte ohne entsprechende Bildanzeigen testet oder das Ganze im Zusammenhang mit den dazugehörigen Werbemotiven.

Ohne Bilder lag bei einer Stichprobe von 102 Befragten die Fehlerquote (im Sinne des Absenders) bei etwa neunzig, mit Bildern nur bei ca. achtzig Prozent. Die häufigste falsche Antwort lautete:

♦ Die Architekten der Fabriken

„Fabrics" sind aber im Englischen keine Fabriken, sondern „Textilwaren/Kleiderstoffe". Daher lautet die richtige Interpretation:

♦ Die Architekten des Stoffes

Was den meisten verwirrten, um Verstehen ringenden Lesern verschlossen blieb. Wären Sie draufgekommen?

♦♦♦

NOT FOR EVERYBODY
ODER: ANZIEHEND ODER AUSZIEHEND?

Ähnlich wie es keinen RENÉ LEZARD und CARLO CO-LUCCI gibt, existiert leider auch kein BRUNO BANANI. Mit ihrem mutigen – weil sexuell nicht ganz unanstößigen – Namen zählt die Marke sicher zu den Erfolgsgeschichten des Aufbaus Ost, hat sie doch ihren Ursprung in einem volkseigenen Trikotagen-Betrieb (VEB Trikotex) in Mittelbach bei Chemnitz. Dort begannen die Unternehmer Wolfgang Jassner und Klaus Jungnickel 1993 unter dem neuen Namen zunächst Designer-Unterwäsche für Herren zu produzieren. Inzwischen ist die BRUNO BANANI UNDERWEAR GmbH nach Chemnitz umgezogen und produziert auch Damenkollektionen und Bademoden. Der Markenname wird weiterhin lizenziert für den Vertrieb von Düften, Brillen, Uhren usw.

Seit 2002 benutzt BRUNO BANANI den Claim „Not for everybody". Der Clou des Claims liegt in seiner Doppeldeutigkeit. Deshalb wurden bei dem entsprechenden Claimtest die Probanden auch nicht gebeten, den Claim „zu übersetzen", sondern sie wurden gefragt, ob sie den Spruch verstehen.

Als „verstanden" galten nur die Antworten derjenigen, die erkannt hatten, dass man „Not for everybody" sowohl als „nicht für jeden" als auch sehr wörtlich mit „nicht für jeden Körper" übersetzen kann. Dieses Wortspiel verstanden selbst auf Nachfrage nur ca. fünfzehn Prozent der Befragten. Es war wahrscheinlich auch nicht für jeden gedacht.

REAL CLOTHES FOR REAL PEOPLE
ODER: REALLY DESIGNED IN GERMANY

Im Gegensatz zu BRUNO BANANI und RENÉ LEZARD ist Michael Mickalsky „real". Er zählt inzwischen zu den bekanntesten deutschen Modedesignern und legt selbst großen Wert auf Authentizität. Studiert hat er in London und war lange für ADIDAS als Global Creative Director tätig. Michalsky hat zahlreiche Auszeichnungen erhalten, kreierte unter dem Label „Mitch&Company" Mode für TCHIBO und hat seit 2006 seine eigene Modemarke MICHALSKY. Inzwischen gibt es unter dieser Marke auch Taschen, Sonnenbrillen und Parfüm. Der Spruch seiner Marke lautet seit Längerem: „Real clothes for real people". Für jemanden, der lange in London gelebt hat und viel in der internationalen Künstler- und Musikszene unterwegs ist, ist der Spruch klar und eindeutig. Und auch von sonstigen Kennern der englischen Sprache wird er sicher als einfach eingestuft.

Bei einer Straßenumfrage am Potsdamer Platz im Umfeld der „MICHALSKY GALLERY" konnte aber trotzdem nur etwa ein Drittel der Befragten den Spruch im Sinne des Absenders übersetzen. Die kuriosesten Fehlinterpretationen lauteten:

♦ Richtige Wäsche für richtige Völker
♦ Reelle Sachen für ehrliche Leute

Völlig abwegig sind diese Einzelmeinungen zur Übersetzung auch nicht, aber gemeint ist schlicht und einfach:

♦ Echte Kleidung für echte Leute

Was unbedingt einmal gesagt sein musste.

MORE LANDSCAPE LESS LANDFILL
ODER: STIEFELN FÜR DEN UMWELTSCHUTZ

Die 1973 in Boston gegründete Schuhmarke TIMBERLAND hat sich auf robuste Wald- und Wiesenschuhe sowie inzwischen auch auf entsprechende Bekleidung spezialisiert. Darauf weist ja auch bereits ihr Name hin: „Timber" heißt auf Deutsch „Holz/Nutzwald", und „Timber!" ist auch der Warnruf der kanadischen Holzfäller, wenn ein Baum fällt. Der Name könnte also ungefähr mit „Holzland" übersetzt werden, wobei TIMBERLAND jedoch keine Holzschuhe anbietet.
Bekannt wurde das Unternehmen vor allem durch seine beigefarbenen Lederstiefel, die sich in der Hiphop-Szene der amerikanischen Ostküste wie auch bei Bauarbeitern ausgesprochener Beliebtheit erfreuten.
Das Unternehmen engagiert sich besonders im Umweltschutz. So erhalten Mitarbeiter vierzig Stunden bezahlten Urlaub, um sich bei diversen Umweltschutzprojekten engagieren zu können, und die Firma selbst sponsert diverse Umweltinitiativen.

Dazu hat TIMBERLAND auch eine Schuhserie auf den Markt gebracht, die sich „Earthkeepers" (Erderhalter) nennt. Das sind u. a. Schuhe, deren Sohlen z.B. aus recyceltem Gummi hergestellt werden. Passend dazu hat das Unternehmen auch das „Earthkeepers Movement" ins Leben gerufen, in dessen Rahmen sich Menschen für die Umwelt engagieren können. TIMBERLAND fordert auf, auch „Earthkeeper" zu werden und unterstützt Aufforstungsprojekte, z.B. in China. Diese Initiative gibt es auch in Deutschland, wo u. a. Bergwaldprojekte gefördert werden.

Natürlich werden insbesondere die Earthkeepers-Schuhe auch in Deutschland mit dem Spruch „*More Landscape, Less Landfill*" beworben, auf Plakaten, Anzeigen und Schaufenstern.

Bei einer Straßenbefragung des TV-Senders ProSieben im März 2010 konnte niemand diesen Spruch übersetzen. Das ging so weit, dass selbst die Leiterin einer TIMBERLAND-Filiale in Köln, an deren Schaufenster dieser Spruch in großen Lettern prangte, passen musste. Sie hatte schlicht keine Ahnung, was der Spruch bedeuten soll.

Das Übersetzungsproblem macht sich vor allem an der seltenen Vokabel „landfill" fest. Das Wort bedeutet so viel wie „Ablagerung", „Deponie", „Müllkippe". Demnach wäre der Spruch sinngemäß wie folgt zu übersetzen:

- ◆ Mehr Landschaft – weniger Müll

So gut diese Initiative sein mag, so problematisch ist dann doch die Art der Kommunikation. Das scheint man inzwischen wohl auch bei TIMBERLAND gemerkt zu haben. Zumindest gibt es jetzt im Internet einen zusätzlichen deutschen Claim für die Anwerbung neuer „Earthkeepers", der da lautet: „*Natur braucht Helden*". Dem ist nicht viel hinzuzufügen.

◆◆◆

WHAT VINTAGE ARE YOU?
ODER: WIE ALT SIND DIESE FOSSILIEN?

Zu Mode und Lifestyle zählen bekanntlich auch Uhren und Accessoires. Zu den jüngeren Marken auf diesem Sektor gehört seit 1984 die Marke FOSSIL. Sie wurde in Texas gegründet und machte international Furore mit Armbanduhren im Retro-Stil. Seit Langem ist die Marke auch in Deutschland zuhause, wobei sich ihr Stil durchaus über das Thema Retro hinaus entwickelt hat und das Produktportfolio sich auch nicht mehr nur auf Uhren und Schmuck beschränkt. Inzwischen gibt es auch Handtaschen, Sonnenbrillen, Geldbörsen, Gürtel und andere Accessoires von FOSSIL. Zum Logo, das immer von „authentic" Fossil spricht, gehört seit 2006 der Spruch „*What vintage are you?*".

Wie weit wird der Spruch der Marke in Deutschland verstanden? Dass eine Übertragung ins Deutsche nicht ganz einfach ist, darauf deutet allein schon die Vielzahl der möglichen Übersetzungen für das englische Wort „vintage" hin. Tatsächlich konnten auch nur zwölf Prozent der Befragten den Spruch in etwa mit einer möglichen Übersetzung in Verbindung bringen. Der Rest wusste gar nichts oder vermutete folgende Bedeutungen:

- ◆ Bei welcher Weinlese sind Sie dabei?
- ◆ Welchen Winzer mögen Sie?

Wie man sich vorstellen kann, ist das nicht gemeint, aber es ist auch nicht völlig aus der Luft gegriffen; denn „vintage" heißt je nach Kontext u. a. auch „Weinlese", „(Wein-)Jahrgang", „altes Modell", „altmodisch", aber auch so viel wie „klassisch", z.B. als „vintage car" (Oldtimer). Die gewünschte

Übersetzung war gar nicht so einfach herauszufinden. Es bedurfte einer Reihe von Anrufen und Nachfragen, und man bat sich in der Pressestelle der deutschen FOSSIL-Dependance auch einige Tage Zeit aus, um sich näher mit der Frage auseinanderzusetzen. Auf Anhieb konnte dort niemand sagen, was der Spruch bedeutet.

Als die Presseabteilung nicht weiter wusste, schaltete sich die für Deutschland zuständige Marketingleiterin ein. Sie beteuerte, dass man den Claim nicht übersetzen könne, weil es keine adäquate Übersetzung gebe, und man sei sich auch im Klaren darüber, dass der Spruch in Deutschland nicht verstanden werde. Eine plausible Antwort darauf, warum ein Spruch benutzt wird, den keiner versteht, war allerdings nicht zu erhalten. Offensichtlich handelt es sich um eine Vorgabe der amerikanischen Marketingzentrale in Texas.

Um jetzt aber die Antworten der Umfrage bewerten zu können, einigte man sich auf eine sehr ungefähre Interpretation der Bedeutung als:

♦ Welche Epoche magst du?

Das hatte so allerdings niemand geantwortet. Gleichwohl wurden zu den zwölf Prozent „richtigen" Antworten auch solche gezählt, die die folgenden und ähnliche Übersetzungen lieferten:

♦ Wie altmodisch bist du (drauf)? (leicht ironisch)
♦ Welchen Jahrgang magst du?

Nach strenger Lesart hätte aber niemand ein korrektes Verständnis des Claims liefern können.

◆◆◆

BE OUTSTANDING
ODER: MIT MODISCHER WERBUNG AUSSEN VOR

PILGRIM heißt auf Deutsch Pilger, hat in diesem Fall aber nichts mit Religion oder dem Jakobsweg zu tun. Vielmehr handelt es sich um ein schnell wachsendes Modeschmuck-Label aus Dänemark, das auch in Deutschland unterwegs ist. Inzwischen werden auch Uhren und andere modische Accessoires angeboten. Zur Zielgruppe zählen bislang in erster Linie mehr oder weniger junge Frauen.

Deshalb wurden im Fall von PILGRIM auch ausschließlich Frauen befragt, wie sie den Spruch, der von den Plakaten und anderen Werbemedien des Unternehmens prangt, verstehen. Der scheint allerdings keineswegs so einfach zu entschlüsseln zu sein, wie es vielleicht profunde Kenner der englischen Sprache annehmen mögen. „Be outstanding" konnten nur ca. achtzehn Prozent der befragten Frauen im Sinne der dänischen Marke übersetzen. Die gröbsten Fehlversuche dazu lauten:

- ◆ Auch draußen zu tragen
- ◆ Sei ein Frühaufsteher
- ◆ Geh nach draußen
- ◆ Lass es unbezahlt

Der letzte Übersetzungsversuch dürfte ganz sicher nicht im Sinne der Marke sein. Dennoch ist er nicht völlig abstrus, denn „outstanding accounts" sind eben „unbezahlte Rechnungen". Gemeint ist hier aber etwas ganz anderes. Es geht darum (mit außergewöhnlichem Schmuck) aufzufallen und sich von anderen abzuheben. Entsprechend lautet die intendierte Übersetzung:

- ♦ Unterscheide dich/Falle auf (wörtl.: Sei herausragend)

Ob der Claim selbst diese Aufforderung erfüllt, sei dem Urteil des Lesers überlassen.

INSPIRED BY ARCTIC BEAUTY
ODER: IN KALTER SCHÖNHEIT WERBEN

Überhaupt die Dänen – sie scheinen in bestimmten Branchen im Kommen zu sein, auch wenn wir ihnen nicht – wie viele vermuten – die Eismarke HÄAGEN-DAZS verdanken. Die stammt nämlich aus Amerika. Eine Life-Style-Marke jüngeren Datums heißt BERING, mit dem gleichen Namen wie die Meeresenge zwischen Alaska und Sibirien. Benannt sind Beringsee und -straße nach Vitus Bering. Das war ein dänischer Marineoffizier, der in russischen Diensten stand und 1728 erstmals diese Meerenge durchfuhr.

BERING stellt ganz besondere Armbanduhren her, deren Ziffernblätter aus Keramik gefertigt werden. Aber während die unechten Dänen in Deutsch werben (*„Ich liebe Dazs"*), nutzen die echten Dänen einen englischen Claim in Deutschland: *„Inspired by arctic beauty"*. Hört sich gut an, wird aber leider von vielen nicht verstanden. Bei einem Test konnten nur um die fünfzehn Prozent der Befragten mit dem Spruch etwas in der Weise anfangen, wie das von BERING intendiert wird. Der inspirierendste Fehlversuch lautete:

- ♦ Inspiziert von schönen Arktikerinnen

Obwohl auch das sicherlich reizvoll wäre, lassen sich die Designer bei BERING tatsächlich von der „arktischen Schönheit inspirieren" und teilen dies auch so in ihrem Werbespot mit.

COME IN AND FIND OUT
ODER: WEGWEISER DURCH PARFÜMERIEN

Dieser Spruch hat inzwischen fast Kultstatus erreicht, ist er doch durch unsere erste Claimstudie so berühmt geworden, dass die Presse meist von der „Come-In-And-Find-Out-Studie" spricht. Auch wenn man wenig Zeit für Besucher hat und diese höflich schnell wieder loswerden möchte, findet der Spruch inzwischen seine – ursprünglich ungewollte – Anwendung.

Was steckt dahinter? Die in deutschen Fußgängerzonen omnipräsente Parfümeriekette DOUGLAS warb Anfang des ersten Jahrzehnts im neuen Jahrtausend mit dem Spruch „*Come in and find out*". Dabei handelt es sich um einfache Vokabeln, die in den Augen vieler auch ohne Englisch-Leistungskurs leicht übersetzt werden können: „come" = „komm(en)", „in" = „(he)rein", „and" = „und", „find" = „finde(n)" und „out" = „(he)raus".

So glaubte auch die Mehrheit der Befragten, nämlich 54 Prozent, zu wissen, was der Spruch bedeutet:

◆ Komm herein und finde wieder raus!

Einige waren aber der Ansicht, das sei eine zu simple Übersetzung, und glaubten, der Spruch bedeute:

◆ Erst „in" sein und dann „out" sein.

Tatsächlich aber meinte die Parfümeriekette damit, dass Kunde und Kundin sich und das Sortiment „ausprobieren" sollten, um „herauszufinden", was ihm und ihr am besten gefällt. „Komm herein und schau dich um" ist wohl die nächstliegende Übersetzung. Damit wollte man die Breite des Angebotes unterstreichen.

Aber ebenso wie „herausfinden" zwei verschiedene Bedeutungen im Deutschen hat (1. räumlich aus einem Ort – Haus/Straße/Stadt – herausfinden und 2. etwas „ermitteln"), trifft dies auch auf den englischen Ausdruck „to find out" zu.

Trotz oder gerade wegen der relativen Ähnlichkeit der deutschen und englischen Ausdrücke verstand nur etwa ein Drittel der Befragen (34 Prozent) den Spruch im Sinne von DOUGLAS.

Bekanntermaßen änderte DOUGLAS daraufhin seinen Claim. Seitdem heißt es auf den deutschsprachigen Märkten: *„Douglas macht das Leben schöner"*.

Die Top Ten der Werbesprache

Extra for you – die Nummer fünf der aktuellen Top Ten

YOU & YOUR

In der direkten Kundenansprache zählen „you" und „your" (engl. „du/Sie" und „dein/Ihr") zu den am häufigsten verwendeten englischen Vokabeln in der deutschen Werbung. Das kann ganz praktisch sein, weil man damit der Du-Sie-Problematik entgeht. Einige Kunden mögen es nicht, von Werbetreibenden geduzt zu werden, andere wiederum empfinden ein Siezen als unsympathische Distanz.

„Ich liebe dich" klingt auf Deutsch schon sehr persönlich, mit „I love You" mögen zwar die meisten noch verstehen, was gemeint ist, empfinden das aber nicht so nah und eventuell aufdringlich wie es in ihrer Muttersprache klingen kann.

In den letzten zehn Jahren wurde das Wörtchen „you" in ca. 1400 verschiedenen, in Deutschland veröffentlichten Claims und ca. 970 Mal „your" verwendet. Dazu kommen noch jeweils ca. fünfzigmal die Variante „yourself" und „yours".

Essen, Trinken & Rauchen – Wie gut muss Werbung schmecken?

Was gut schmecken soll, sollte sich auch gut anhören. Nicht nur das Auge isst mit, sondern auch das Ohr. Das gilt natürlich auch für Werbesprüche. Zählen doch einige Claims aus dem Genussmittelsektor zu den ältesten und bekanntesten Werbesprüchen überhaupt. Man denke nur an „*HARIBO macht Kinder froh*", der schon 1935 eingeführt wurde (und 1962 ergänzt wurde mit „*...und Erwachsene ebenso*"). HARIBO steht dabei übrigens für „Hans Riegel Bonn". Auch ein Klassiker der Werbe-Gastronomie, den man heute allerdings in Ermangelung des dahinterstehenden Unternehmens nicht mehr nutzt, steckt noch immer in den Köpfen der älteren Generation: „*Heute bleibt die Küche kalt, wir gehen in den Wienerwald*". Reime erfreuen sich offenbar gerade im Zusammenhang mit Ess- und Trinkbarem bis in unsere Tage einer besonderen Beliebtheit, wie etwa diese Werbung für gefrorene Back- und Konditoreiwaren: „*Coppenrath & Wiese – wo gibt's noch Qualität wie diese*".

Aber auch zum Essen existieren inzwischen englische Sprüche, die sich meistens nicht reimen. Doch ganz ehrlich, wer möchte es sich wirklich antun, Englisch im Zusammenhang mit Essen genannt zu wissen? Schließlich ist die englische Küche – Jamie Oliver möge es verzeihen – traditionell nicht gerade für kulinarischen Genuss bekannt. Das erkennt man daran, dass es in jeder deutschen Großstadt eine unübersehbare Anzahl ethnischer und ausländischer Restaurants gibt: italienische, französische, österreichische, japanische, koreanische etc., ja sogar afghanische, nigerianische und mongolische Restaurants gibt es – aber englische? Vielleicht ein Irish Pub oder ein Inder aus London – aber ein Restaurant mit englischer Küche muss man wirklich mit der Lupe suchen, sollte es denn überhaupt eins geben. Und wer längere Zeit in England gelebt hat, weiß auch, warum das so ist.

All diesen Vorurteilen zum Trotz scheint sich nicht nur im Segment der Schnellrestaurants die englische Sprache in Deutschland einmal mehr etabliert zu haben.

TASTE TUNED
ODER: DAS BIER-COLA-TUNING

MIXERY zählt zu den ältesten Bier-Mix-Getränken am Markt. Gestartet als Bier-Cola-Getränk, gibt es inzwischen zahlreiche Geschmacks- und Mix-Varianten. 2008 gab es einen sogenannten „Marken-Relaunch", also einen „Neustart" der Marke. Dazu wurde auch ein neuer Claim eingeführt: *„taste tuned"*, worauf die Verantwortlichen bei Karlsberg ganz besonders stolz sind. Ihren Aussagen zufolge soll der Spruch auf das Thema „verbesserter Geschmack" einzahlen. In der Begründung verweist Karlsberg auf das „X" im Namen MiXery, das für eine „streng geheime Zutat" steht („Bier + Cola + X"), die hauptsächlich für den Geschmack verantwortlich sein soll. Das soll mit dem neuen Spruch unterstrichen werden.

Doch das gelang bei zwei Dritteln der dazu Befragten definitiv nicht. Denn übersetzt wurde der Spruch auch als:

- Probier das Radio aus
- Versuch's klingend
- Die Taste ist getuned
- Probier mal diese Tunes
- Versuch's getönt

Trotz solcher Tönungen war gemeint:

- ◆ Verstärkter Geschmack
- ◆ bzw. „getunter" Geschmack

Als sinngemäß richtig wurden auch Formulierungen wie „aufgemotzter Geschmack" oder „gepimpter Geschmack" und inhaltlich ähnliche Ausdrücke gewertet. Dennoch konnte nur etwa ein Drittel (34 Prozent) der Befragten den Spruch im Sinne von Karlsberg übersetzen. Insgesamt glaubten aber 45 Prozent zu wissen, was gemeint war.

Die große Diskrepanz zwischen „wissen" und „glauben zu wissen" mag auch dadurch unterstützt werden, dass zum einen das deutsche Worte „Taste" (zum Drücken) und das englische Wort „taste" (Geschmack) identisch sind und zum anderen der Begriff „to tune (sth.)" (abstimmen/einstellen) sowohl im Kontext von „Autos aufmotzen" = Auto-Tuning als auch im Zusammenhang mit Radio (Tuner = Radioempfänger) häufig benutzt wird, ohne sich dabei der konkreten Übersetzung bewusst zu sein.

WELCOME TO THE BECK'S EXPERIENCE
ODER: KEINE BIER-EXPERIMENTE!

Während die MiXery-Mutterbrauerei KARLSBERG mit ihren zahlreichen Mixgetränken als kreativer Nischenbesetzer gesehen wird, gelten die meisten Brauereien als sehr konservativ in Sachen Werbung und Marketing. Im Stile der Adenauer-Wahlkämpfe (Keine Experimente!) ähnelt eine Bier-Werbung der anderen. Anzeigenmotive und TV-Spots zeigen meist viel Natur oder fröhliche Menschen und manchmal auch beides zusammen. Die Werbesprüche dazu beziehen in den häufigsten Fällen entweder den Markennamen mit ein (wie *„Bitte ein Bit"* oder *„Das einzig Wahre, Warsteiner"*), oder sie dokumentieren Heimatverbundenheit wie etwa *„In Bayern daheim. In der Welt zuhause"* (ERDINGER).

Eine Biermarke hat sich schon lange davon abgehoben, wirbt sie doch seit 1984 mit einem großen, grünen Segelschiff mit grünen Segeln. Jeder, der sich etwas auskennt, bringt dieses Schiff automatisch mit der Marke BECK's in Verbindung. Das mag damit zusammenhängen, dass es ansonsten kaum grüne Segel gibt – und dass BECK's eine der ersten namhaften Pils-Marken war (und lange Zeit die einzige), die ihr Produkt in grünen Flaschen anbot. Die anderen waren normalerweise braun. Seit 1992 wird der Werbeauftritt des grünen Großseglers, der übrigens seit 1988 von der „Alexander von Humboldt" verkörpert wird, von dem Song „Sail away" untermalt. Der wurde zunächst von Hans Hartz gesungen. Seit 1995 steckt die bekannte Reibeisenstimme von Joe Cocker dahinter.

Das alles verschafft der Marke BECK's einen hohen Bekanntheitsgrad. Zudem war BECK's traditionell ein Exportbier mit großer Beliebtheit weltweit, insbesondere in den USA und dem Süden Afrikas. 1992 übernahm die belgische Firma INTERBREW (jetzt INBEV) die Bremer Brauerei. Trotz des ausländischen Besitzers warb BECK's in Deutschland auch in deutscher Sprache, kontinuierlich seit 1990 mit dem Spruch *„Beck's – Spitzen-Pilsener von Welt"*.

Im Jahr 2001 änderte das neue Management Sprache und Inhalt des Claims. Seitdem heißt es: *„Welcome to the Beck's Experience"*. Dieser Spruch wurde im Hinblick auf sein Verständnis beim deutschen Publikum untersucht. Immerhin knapp die Hälfte, also 48 Prozent der Befragten glaubte, in der Lage zu sein, den Spruch übersetzen zu können. Tatsächlich gelang es aber nur achtzehn Prozent. Damit lagen dreißig Prozent ziemlich falsch – vor allem mit der häufigsten Fehlübersetzung, die da lautet:

♦ Willkommen beim Beck's-Experiment

Das klingt für den Englischkenner auf den ersten Blick komisch, ist doch gemeint:

♦ Sei begrüßt beim Beck's-Erlebnis/Erlebe Beck's

Natürlich gibt es eine äußerliche Ähnlichkeit zwischen der englischen Vokabel „experience" und dem deutschen Wort „Experiment". Derartige klangliche wie auch schriftbildliche Ähnlichkeiten führen häufig zu der sprachlichen Decodierungsform, die man am besten beherrscht. Und das ist meist die Muttersprache. Dazu kommt, dass ein derartiger Spruch ja immer nur flüchtig wahrgenommen wird, egal über welches Medium. Eine reflektierte Auseinandersetzung mit Werbung im Allgemeinen und der Bedeutung von Werbesprüchen im Speziellen findet im Alltag nicht statt.

Ob dieser Spruch der Marke BECK's geschadet hat oder nicht, lässt sich mangels einer Vergleichssituation mit einem anderen Spruch zur gleichen Zeit am gleichen Ort nicht feststellen. Aber Werte, die in Deutschland mit gutem Bier verbunden werden, sind – neben der Reinheit – vor allem Authentizität und Unveränderlichkeit. Beides verträgt sich eigentlich nicht so mit „Experimenten". Oder, um es à la Adenauer zu formulieren: Keine Experimente!

◆◆◆

WORLD'S PLEASURE AUTHORITY
ODER: EISIGE WORTSPIELE

LANGNESE ist eine alte deutsche Marke, die schon seit 1927 Eis herstellt und seit 1962 zum internationalen Unilever-Konzern gehört. Langnese gilt als Erfinder des „Eis am Stiel", wenn auch die Idee eigentlich aus Dänemark kopiert wurde. Und irgendwie sind wir mehr oder weniger alle mit LANG-NESE aufgewachsen. Die Älteren werden sich noch an Eis-kreationen wie DOLOMITI oder an den Werbesong „So schmeckt der Sommer" erinnern. Und sicher kann man das Stieleis MAGNUM bereits zu den Klassikern zählen, wenn auch ständig neue MAGNUM-Varianten erfunden werden. „*World's Pleasure Authority*" – dieser Spruch bezieht sich einzig und allein auf das MAGNUM-Eis.

Aber was um alles in der Welt hat Eiscreme mit Autorität zu tun? Ganz sicher: Mit *pleasure* (Vergnügen) kann man das hiermit umworbene Eis schon eher in Verbindung bringen. Aber Autorität? – Um es vorwegzunehmen: Dieser Claim ist ironisch gemeint. Aber wie das in solchen Fällen häufig ist: Das verstehen die meisten nicht. Entsprechend skurril muten manche Übersetzungsversuche an:

- ◆ Die Welt bittet um Autorität
- ◆ Die Behörde für Bittsteller
- ◆ Für eine autoritäre Welt
- ◆ Lass die Autorität der Welt plätschern

Bei der Claimstudie des Jahres 2009 kann eine Minderheit von gerade einmal elf Prozent diesen Spruch im Sinne des Absenders interpretieren. Und auch nur sechzehn Prozent meinen, mit den Werbeworten etwas anfangen zu können;

letztendlich haben also 89 Prozent keine Ahnung, was LANG-NESE damit sagen möchte.

Und was will LANGNESE nun damit sagen? Als mögliche intendierte Interpretationen gelten:

♦ Die Welt-Behörde für Genuss

oder

♦ Das Welt-Genuss-Amt

Selbstverständlich gibt es keine „Welt-Behörde für Genuss"; aber bei LANGNESE war man sich wohl auch nicht sicher, ob diese Ironie verstanden wird. Vielleicht hat man sich deshalb dazu durchgerungen, im Internet eine Art Übersetzung anzubieten. Dort hieß es nämlich: „World's Pleasure Authority präsentiert Entdecke die Welt der Genussmomente." Man weiß ja, dass Werbesprache nichts mit Logik zu tun haben muss, aber der erste Spruch könnte für sich genommen durchaus verwirren. Vielleicht war das auch der Grund, warum diese Werbung Anfang des Jahres 2010 wieder aus den Medien verschwand.

♦♦♦

ONE OF LIFE'S PLEASURES
ODER: SCHOKORIEGEL KÄMPFEN UM IHR LEBEN

Das Wort „pleasure" scheint Konjunktur zu haben in der Werbung für süße Lebensmittel, denn es wird auch von MARS benutzt. Ebenso wie LANGNESE zur Kindheit in Deutschland zählt, gehört wahrscheinlich auch MARS dazu, wenn es sich dabei auch um keine deutsche, sondern um eine amerikanische Marke handelt. Der bekannte Schokoriegel MARS gilt ebenfalls als Klassiker für berühmte Werbesprüche. Bereits seit 1975 warb MARS mit dem gesungenen Reim:

„*Mars macht mobil, bei Arbeit, Sport und Spiel.*" Ab den Neunzigerjahren begann MARS, mit verschiedenen Sprüchen zu experimentieren. So auch 2006 mit dem Spruch „*One of life's pleasures*", der auch insbesondere im Internet – auf den deutschen Seiten – eingesetzt wurde.

Nur knapp ein Viertel (24 Prozent) der dazu befragten deutschsprachigen Konsumenten konnte diesen Spruch im Sinne von MARS übersetzen. Hingegen zeugten Versionen wie die folgenden von einer ausgesprochenen Lebenslust:

- Ein Leben bitte!
- Ohne Leben bitte
- Bitte eins vom Leben

Gemeint war aber von Seiten des Süßwarenherstellers:

- Eine der Freuden des Lebens

Dass dieser Claim nicht so richtig funktioniert, hat man wohl auch bei MARS gemerkt, zumindest heißt es bei MARS seit 2010 wieder: „*Mars macht mobil*". Das kommt einem ja bekannt vor.

Im Übrigen ist es müßig, darüber zu spekulieren, ob der Name MARS direkt vom gleichnamigen römischen Kriegsgott oder indirekt von unserem Nachbarplaneten abgeleitet worden ist. Er stammt nämlich ganz einfach vom Erfinder dieses Riegels; und der hieß Frank Clarence Mars (1883–1934). Das Unternehmen gehört immer noch seinen Nachfahren, der Familie Mars.

TASTE MORE. FEEL 3
ODER: BONBONS MIT GESCHMACK ERTASTEN?

MENTOS ist ein Kaubonbon, das weltweit bekannt ist. In Deutschland wird es von der Firma CFP-Brands vertrieben, ein Gemeinschaftsunternehmen der niederländischen Perfetto van Melle Corporation und der britischen Firma Lofthouse of Fleetwood, die besonders für das Pfefferminzbonbon FISHERMAN'S FRIEND bekannt ist. 2010 startete der Bonbonhersteller eine Kampagne für das Produkt „MENTOS 3". Bei dem dazugehörenden Claim *„Taste more. Feel 3"* macht es einen großen Unterschied, ob man ihn hört oder nur liest, denn in ihm verbirgt sich eine Art Wortspiel, das von den meisten dazu Befragten allerdings weder entdeckt noch verstanden wurde. Schriftlich vorgelegt konnten achtzehn Prozent etwas Sinnvolles damit anfangen, mündlich vorgetragen waren es insgesamt 25 Prozent.

Der merkwürdigste Interpretationsversuch dazu heißt:

♦ Mehr Tasten, dreifach fühlen

Die „3" nimmt Bezug auf drei Arten von Fruchtgeschmack, zum Beispiel Erdbeere, Himbeere und Minze. Auf Englisch erinnert das Wort „three" (drei) phonetisch stark an „free" (frei) und „feel free" (fühl (dich) frei/tu dir keinen Zwang an) kommt in vielen Redewendungen vor, wie zum Beispiel „Feel free to call me" (Du kannst mich gerne anrufen). Alles in allem ein recht komplizierter Spruch für ein einfaches Produkt.

Die Top Ten der Werbesprache

Live on stage: Platz vier der aktuellen Top Ten:

LIVE & LIFE

Aus der deutschen Werbesprache nicht mehr wegzudenken sind die Wörter „life" und „live". Und es scheint schier unmöglich, die Vielfalt ihrer Bedeutungen in zwei Sätzen darzustellen. Um dennoch ein wenig Klarheit zu bekommen, können wir zwischen dem Substantiv „life" (sprich laif) = „das Leben", dem Verb „to live" (sprich liff) = „leben" und dem Adjektiv „live" (sprich laif) = „direkt/unmittelbar" (besonders bekannt im Zusammenhang mit TV-Übertragungen) unterscheiden.

Inzwischen sind beide Wörter in ihren unterschiedlichen Bedeutungskomponenten nicht nur Bestandteil zahlreicher Claims, sondern auch Teil von Marken- und Firmennamen. Ca. 2400 deutsche Marken mit dem alleinstehenden Bestandteil „life" und über 700 Marken mit „live" gibt es im Jahr 2010 in Deutschland. Interessant ist dabei, dass es signifikant mehr deutsche Marken mit „life" gibt als mit dem Wort „Leben" (nur ca. 1800).

Die Datenbank Slogans.de verzeichnet für die Zeit von 2000 bis 2010 insgesamt 468 Claims für den deutschen Markt mit „life" und 137 mit „live".

Durch die Inflation dieser Vokabeln, die durchaus auch mit deutschen Wörtern kombiniert werden, leidet das Grundanliegen jeder Werbung, nämlich Alleinstellung zu erzeugen. So gibt es Hörfunk- und TV-Sender die „1Live" (WDR) und „9live" (sprich eins-laif und neun-laif, nicht etwa won-laif und nein-laif) heißen. Vielleicht wird es demnächst noch mit „6live" einen Erotikkanal und als „ElfLive" einen Fußballsender geben.

Die österreichische Rockband Opus hatte 1985 eine phäno-
menalen Hit mit dem Titel „Live is Life", der vielleicht zum
Höhenflug dieser Vokabeln in der deutschen Sprachland-
schaft beigetragen hat. Aus heutiger Sicht könnte man aber
für die Werbung sagen: Life ist der Tod jeder Originalität.

EVERY TIME A GOOD TIME
ODER: HAMBURGER MIT GOTTES SEGEN?

Bevor McDONALD's Ende 2003 den deutschsprachigen
Spruch *„Ich liebe es"* zum Leitspruch erhob, warb die Fast-
food-Kette mit dem englischen Spruch *„Every Time A Good
Time"*. Den Einsatz dieses Spruchs kann man bei einem amerikanischen Unternehmen zwar verstehen, nicht verstanden
wurde aber der Spruch selbst, und die großen Missverständnisse, die der englische Claim ausgelöst hat, mögen ein Grund
für den Wechsel ins Deutsche gewesen sein. Offensichtlich
hatte sich auch nicht überall der Unterschied zwischen „Gott"
und „gut" herumgesprochen. So kam es im Rahmen der
2003er Studie zu merkwürdigen Fehlinterpretationen, wie
beispielsweise:

♦ Jede Zeit ist eine gute Zeit
♦ Jederzeit ist Gottes Zeit

Zwar konnten sich 59 Prozent der befragten Konsumenten
ungefähr vorstellen, was damit wirklich gemeint war, nämlich:

♦ Jedes Mal eine gute Zeit/Jedes Mal ein schönes
  Erlebnis

Aber immerhin mussten 41 Prozent passen. Unter dem Gesichtspunkt, dass nur Personen zwischen vierzehn und 49 Jahren befragt wurden, darf man vermuten, dass die Gruppe der Nichtversteher wachsen würde, wenn man auch ältere Mitbürger in die Befragung einbezogen hätte. Im Übrigen erstaunt auch, dass dieser Spruch kein Diktat einer übergeordneten amerikanischen Stelle war, sondern von einer Werbeagentur damals speziell für den deutschen Markt entwickelt wurde.

◆◆◆

HAVE IT YOUR WAY
ODER: HAMBURGER AUF DEM WEG

Die Hamburger-Kette BURGER KING kämpft bekanntlich ständig um Kunden gegen den Wettbewerber McDONALD's. Während im Jahre 2006 McDONALD's sich schon mehrere Jahre von der englischen Werbung in Deutschland verabschiedet hatte, warb BURGER KING im selben Jahr mit dem Spruch *„Have it your way"*.

Das klingt einfach, dementsprechend glaubte auch deutlich mehr als ein Drittel (36 Prozent) zu wissen, was das heißen soll. Tatsächlich übersetzen konnten es aber nur 23 Prozent. Einige Interpretationen passten zwar zur Art des Unternehmens, waren aber definitiv falsch, wie z.B.:

◆ Nimm's mit auf den Weg!
◆ Hast du deinen Weg?

Hier ging es allerdings weniger ums Mitnehmen oder um Drive-ins. Vielmehr wollte der Burgerbräter auf die Vielfalt seines Angebotes hinweisen, in Form von:

♦ Ganz nach deiner Art/Mach's auf deine Art

Im Jahr 2010 kehrte BURGER KING in Deutschland dem rein englischen Claim den Rücken. Seitdem heißt es dort ganz königlich: *„Geschmack ist King".*

♦♦♦

REPUBLIC OF FRESH
ODER: HÜHNERREPUBLIK DEUTSCHLAND?

Zu den Spezialisten unter den amerikanischen Fastfood-Ketten zählt KENTUCKY FRIED CHICKEN, kurz KFC genannt. Das ist die Marke mit dem älteren Herrn mit Brille und Spitzbart im rotweißen Logo. Ihr Name wäre wohl am ehesten mit „Frittierte Hühnchen aus Kentucky" zu übersetzen.

Die Marke hatte es nicht immer leicht in Deutschland. So gab es Anfang der Neunzigerjahre eine beliebte Comedy-Show, in der sich ständig ein Sketch wiederholte, in dem Namen verdreht wurden. Darin wurde aus *„Kentucky fried chicken"* *„Kentucky schreit f.cken"*, ein Spruch, den in jenen schweren Zeiten nahezu jedes Kind kannte. Diese Krise scheint aber inzwischen überwunden.

Seit vierzig Jahren ist KFC in Deutschland präsent. Und derzeit betreibt das Unternehmen hierzulande siebzig Restaurants im Franchise-Verfahren und möchte diese Zahl mittelfristig auf über 200 erhöhen. Dafür ist Werbung wichtig. In Sachen Claims gab es da einen kleinen Zickzackkurs zwischen Deutsch und Englisch. So hieß es im Jahr 2000 *„It's* *finger lickin' good.*" (Es ist zum Fingerlecken gut). An diesem Spruch zeigt sich, dass Übersetzungen auch ihre Tücken haben können, denn er wurde für die Filialen in Hongkong ins Chinesische übersetzt, allerdings mit einem kleinen Fehler. Chinesen verstanden „Friss deine Finger auf" und fanden das weniger spaßig.

Bei den deutschen Claimversuchen von KFC ab 2003 gab es keine derartigen Probleme. Zunächst hieß es weitgehend deutsch: *„Wenn Chicken, dann richtig"*, 2006 dann rein deutsch: *„Echt Hähnchen. Echt lecker."*, bis 2010 der in der Überschrift angeführte rein englische Spruch eingeführt wurde. Vor einer Filiale in Köln-Porz wurden Gäste gefragt, was ihrer Meinung nach der Spruch wohl bedeute. Die Interpretationen wiesen eine gewisse Bandbreite auf. Das verwundert eigentlich, da es doch sowohl zu *„Republic"* als auch zu *„fresh"* sehr ähnlich klingende deutsche Vokabeln gibt. Trotzdem kam es zu Antworten wie:

♦ Erfrischende Republikaner
♦ Öffentliche Frische

Gemeint war natürlich:

♦ Republik der Frische (bzw. die „Frischerepublik")

Auch „Ort der Frische" wurde noch als „richtig" gewertet, so konnten immerhin knapp über vierzig Prozent diesen Spruch ins Deutsche übertragen. Allerdings konnten viele den Spruch zwar übersetzen, aber trotzdem „nichts mit ihm anfangen". Pech für die Republik.

◆◆◆

LEAVE AN IMPRESSION
ODER: TRINKEN MACHT EINDRUCK

Der in Deutschland populärste Whisky stammt erwartungsgemäß aus dem Mutterland der Whisky-Brennerei, aus Schottland. Er heißt BALLENTINE'S und ist fast überall erhältlich. Die Traditionsmarke stammt aus Edinburgh und geht auf George Ballantine zurück, der 1827 mit der Herstellung und dem Vertrieb des „Blended Scotch" begann. Bei diesem Produkt wäre eine betont englisch bzw. schottisch angehauchte Kommunikation sehr verständlich, zumal damit die Authentizität unterstrichen werden kann. Zwar nutzt die Marke, die in Deutschland von PERNOT RICARD vertrieben wird, einen englischen Claim, der auch in einer Anzeigenkampagne des Jahres 2010 besonders hervorgehoben wird; nur hat dieser Claim recht wenig mit Tradition und Schottland zu tun. Er lautet: *„Leave an Impression".*
Dazu wurden in einer Stichprobe fünfzig deutschsprachige Erwachsene beiderlei Geschlechts befragt, mit der Bitte, diesen Spruch zu deuten. Vierzehn Personen (was 28 Prozent entspricht) konnten das auch, die Mehrheit aber nicht. Davon stellten einige merkwürdige Mutmaßungen an, wie z. B.:

♦ Blätter, die beeindrucken
♦ Eingedruckte Blätter

Die wörtliche Übersetzung „Hinterlasse einen Eindruck" ist nicht nur schwer zu entschlüsseln, sondern dürfte, angesichts des Genusses von hochprozentigem Alkohol, auch ein klein wenig bedenklich stimmen. Zwar engagiert sich das Unternehmen im Kleingedruckten seiner Anzeigen auch mit Themen wie „Genuss mit Verantwortung", dennoch wäre dieser Spruch in Deutsch missverständlich. Vielleicht wird er ja deshalb nur in Englisch kommuniziert?

THE STUFF INSIDE MATTERS MOST
ODER: IN JEDEM GETRÄNK STECKT EIN GEHEIMNIS

Noch älter als der Scotch Whisky BALLANTINE'S ist der amerikanische Bourbon Whiskey JIM BEAM. Bourbon unterscheidet sich in vielem vom schottischen Whisky, orthografisch durch ein „e" als vorletztem Buchstaben und inhaltlich u. a. dadurch, dass mehr Mais und Roggen anstelle von Gerste verwendet wird. Bei JIM BEAM, der seit 1795 gebrannt wird, ist es hauptsächlich Roggen. BEAM hat dabei übrigens nichts mit Strahl (engl. „beam") oder Strahlung zu tun, sondern ist die Amerikanisierung des deutschen Namens „Böhm", benannt nach dem Brennereigründer Johannes Jakob Böhm.

Mit Jakob Böhm und einem klaren Deutschlandbezug warb JIM BEAM auch mit ganzseitigen Anzeigen 2010 in Deutschland. Diese Anzeigen sprechen Deutsch und nehmen sogar Bezug auf das Grundgesetz, das x-mal geändert worden ist – im Gegensatz zur Rezeptur von JIM BEAM. Lediglich die Headline (*„Ignoring Changes since 1795"*) und der Claim sind in Englisch gehalten. Dieser Claim – *„The Stuff Inside Matters Most"* – wird noch ergänzt durch die Tagline: *„One Family. Beam Recipe. Since 1795"*.

Nur der Hauptclaim war Gegenstand derselben Untersuchung, der auch bereits der Scotch-Claim unterzogen worden ist. Allerdings konnten noch weniger, etwa nur halb so viel (ca. vierzehn Prozent), diesen Claim im Sinne der Marke auf Deutsch interpretieren. Andere versuchten sich in so merkwürdigen wie vielsagenden Lösungen wie:

- Stopf ihn dir rein unter die Matte
- Der Stoß ins Innere der meisten Matten

Was sicherlich auch sehr interessant ist. Gemeint war jedoch eher:

- Das Zeug, was drin ist, zählt am meisten

Dazu kann man noch die Überschrift und die Tagline übersetzen, die da lauten: „Wechsel ignorieren seit 1795" sowie „Eine Familie. Ein Rezept. Seit 1795."
Begleitet wurde die Werbekampagne von einer Promotion unter dem Motto „The Stuff Inside", mit der junge Menschen aufgefordert wurden, zu zeigen, was in ihnen steckt, und das per Video auf einem JIM-BEAM-Channel bei YOUTUBE zu laden. Davon wurde allerdings äußerst wenig Gebrauch gemacht. Selbst der professionell gestaltete Initialspot für diese Aktion hatte gerade mal 248 Aufrufe nach über zwei Monaten, und die Anzahl der Klicks für die wenigen eingestellten Videos lag meist im einstelligen Bereich. Vielleicht hätte JIM BEAM mit einer kompletten deutschen Ansprache mehr Erfolg gehabt.
Der direkte Wettbewerber JACK DANIEL'S wirbt zur selben Zeit und teilweise auch in denselben Medien ganz in der deutschen Sprache mit dem Spruch: „Tropfen für Tropfen, eindeutig Jack."

♦♦♦

A GREAT DEAL OF FLAVOR
ODER: RAUCHVERBOT IM WILDEN WESTEN

Es gibt Leistungen, davor zieht jeder Werbeprofi den Hut.
Dazu gehört zweifelsohne die Einführung des MARLBORO-
Cowboys. Wie kam es dazu? Ab 1924 vertrieb PHILIP MOR-
RIS die Marke „Marlborough" speziell als Frauenzigarette.
Als die ersten Berichte über Lungenkrankheiten im Zusam-
menhang mit dem Rauchen Anfang der Fünfzigerjahre in
Reader's Digest erschienen, führten als Reaktion darauf die
meisten Tabakkonzerne Filterzigaretten ein. PHILIP MOR-
RIS zählte dabei zu einem der Letzten und wählte für seinen
ersten Versuch Ende 1955 eben die Marke Marlborough, aus
der dann (weniger britisch und mehr amerikanisch klingend)
MARLBORO wurde. Da die Hauptzielgruppe der Tabakin-
dustrie weiterhin eher Männer waren, wollte man weg von
dem soften Damen-Image. Der Werber Leo Burnett entwickelte daraufhin mit seiner Agentur den Cowboy im Wild-
west-Ambiente als Inbegriff der Männlichkeit. Das war
durchaus etwas Besonderes, wurde hier doch zum ersten Mal
im großen Umfang eine Marke in einer Art emotionalisiert,
die mit dem eigentlichen Produkt faktisch nichts zu tun hatte.
In den Sechzigerjahren ergänzte die Idee vom „Marlboro
Country" das Konzept. Die entsprechende Werbekampagne
mit dem Claim „Come to Marlboro Country" verhalf der
Marke innerhalb von acht Monaten zu einer Verfünfzigfa-
chung ihrer Marktanteile.
In Deutschland startete die Marke etwas konservativer mit
dem Claim „Unvergleichbar im Geschmack". Am Werbesujet
des Wilden Westens hielt MARLBORO über Jahrzehnte hin-

weg konsequent fest; sogar als einer der bekanntesten Marlboro-Cowboy-Darsteller, das männliche Fotomodell Wayne McLaren, 1992 an Lungenkrebs starb.

Kaufmännisch hat sich diese Entscheidung positiv ausgezahlt. Teilte sich in den Siebzigerjahren MARLBORO in Deutschland noch die Marktführerschaft mit CAMEL, sieht das Bild im ersten Jahrzehnt des neuen Jahrtausends völlig anders aus. MARLBORO ist weiterhin Marktführer mit Werten um die 37 Prozent, während der Marktanteil von CAMEL mit ca. zwei Prozent völlig aus dem Rennen ist. CAMEL hatte, wie auf den folgenden Seiten noch näher berichtet wird, mehrfach das Thema seiner Werbewelt gewechselt – MARLBORO nie. Zuweilen aber den Claim, wobei es auch dabei inhaltlich keine grundsätzlichen Kehrtwendungen gab. Einen Wechsel gab es allerdings in der Sprache. Seit den Achtzigerjahren spricht MARLBORO auch in Deutschland Englisch – mit Ausnahme der Warnhinweise auf den Zigarettenschachteln, bei denen allerdings die Landessprache vorgeschrieben ist.

Auch im Jahr 2010 knüpft MARLBORO trotz immer tiefer greifender Werbeverbote weiter an sein Wildwest-Image an. Insbesondere in der Außenwerbung (Großflächenplakate) wirbt MARLBORO mit dem Claim: *„A great deal of flavor"*. Doch verstehen das auch die Raucher und Raucherinnen? Dazu befragt wurden Raucher und Nichtraucher beiderlei Geschlechts, wobei keine Wissensunterschiede zwischen diesen beiden Gruppen nachgewiesen werden konnten.

Das Ergebnis war niederschmetternd. Weniger als ein Fünftel der Befragten (neunzehn Prozent) konnte mit dem Spruch etwas anfangen. Einige der Übersetzungsversuche besaßen zwar durchaus dekuvrierendes Potential, waren aber im Sinne einer Übersetzung schlicht falsch:

- Ein großes Geschäft mit dem Geschmack
- Eine großartige Handlung mit Duft

Um den Spruch korrekt übersetzen zu können, muss man wissen, dass es sich bei „a great deal" um eine Redewendung handelt, die nichts anderes bedeutet als „eine ganze Menge" oder „sehr viel". Somit lautet die nächstliegende Übertragung in die deutsche Sprache:

♦ Jede Menge Geschmack

An späterer Stelle wollen wir noch darauf eingehen, wie relevant das inhaltliche Verständnis eines Werbespruchs für den Werbeerfolg ist. Hier darf aber gerade für die Marke MARLBORO vermutet werden, dass „das Gefühl von Freiheit und Abenteuer", das in den Werbemotiven und Werbefilmen zum Ausdruck kommt, für die emotionale – und damit auch die Handlung bestimmende – Reaktion wichtiger ist als das rationale Wissen um den Inhalt einer Werbezeile.

Wenn man allerdings dieser Argumentation konsequent folgt, hätte man im vorliegenden Fall ganz auf einen Werbespruch verzichten können und nur Cowboys, Pferde und Lagerfeuer zusammen mit dem Markenlogo zeigen können.

SLOW DOWN. PLEASURE UP.
ODER: RAUCHEN MACHT LANGSAM

Zigarettenwerbung hat es schwer, sie ist heute alles andere als politisch korrekt und unterliegt zahlreichen Auflagen und Verboten. Schon 1974 wurde sie aus dem Fernsehen verbannt und später mit unschönen Warnhinweisen versehen. Wahrscheinlich wird es in Zukunft gar keine Werbung für Tabakprodukte mehr geben. Deshalb müsste sich die Werbung dort, wo sie noch erlaubt ist, eigentlich besondere Mühe geben, um die Aufmerksamkeit ihrer Zielgruppe zu erreichen. Die Zigarettenmarke CAMEL ist viel älter als MARLBORO und gehört zu denen, die auch Werbegeschichte geschrieben haben. 1969, als das Rauchen noch Spaß machte und sozial noch nicht geächtet war, entstand der Claim: *„Ich geh' meilenweit für eine Camel Filter"*. Ganz neu war die Idee nicht, denn es handelte sich um eine Adaption des englischen Spruches *„I'd walk a mile for a camel"*, den die amerikanische Werbeagentur N. W. Ayer bereits 1921 für die R. J. Reynolds Tobacco Company entwickelt hatte.

Die deutsche Version kennt hierzulande jeder, der über vierzig ist und aus den alten Bundesländern stammt – unabhängig davon, ob er oder sie jemals geraucht hat. Verbunden war dieser Spruch mit einem verwegen dreinblickenden, lockigen Abenteurer-Typen, der sich irgendwo zwischen Steppe und Dschungel bewegte und am Schluss eines jeden TV- und Kino-Spots hinsetzte, eine Zigarette anzündete und dabei seine Beine so übereinanderschlug, dass die Kamera ein Loch in der Schuhsohle einfing. Damit hatte CAMEL Maßstäbe gesetzt und die Wirkungsmesslatte für mögliche neue Werbesprüche sehr hoch gelegt.

Nach der Verabschiedung des Abenteurers mit der Lochsohle in den Ruhestand begann der Niedergang der Marke. Es folgte eine Phase mit mehr oder weniger lustigen Kamelen als Werbemotiven und ständig neuen Sprüchen wie *„Tierisch anders. Tierisch mild"* oder *„Neu entdecken, was schmeckt"*, die heute keiner mehr kennt.

Nach den vielen Versuchen mit tierischen Kamel-Karikaturen besann man sich Anfang des neuen Jahrtausends bei Reynolds wieder auf den Mann als Werbeidol, verpflanzte ihn allerdings vom Urwald ins Wohnzimmer. Begleitet wurde die neue Kampagne mit eben dem Spruch *„Slow down. Pleasure up."*, den die Agentur McCann Erickson ersann.

Dazu wurden im Jahr 2003 rauchende wie nichtrauchende Erwachsene befragt, um zu erfahren, ob sie den Spruch verstehen und was sie dahinter vermuten. Das Ergebnis ist eigentlich ein Erfolg für alle Nichtraucher-Initiativen, denn nur elf Prozent konnten diesen Spruch halbwegs übersetzen. Andere gaben sich Mühe und mutmaßten beispielsweise:

♦ Bitte abbremsen
♦ Schlag drauf und leiste Abbitte

Vor allem letzteres dürfte von CAMEL kaum intendiert gewesen sein. Der Zigarettenhersteller meinte vielmehr sinngemäß:

♦ Komm runter und entspann dich/Mach mal langsam und genieße

Der Inhalt dieses Spruches erinnert Kenner der Werbeszene stark an eines der großen Glanzlichter der deutschen Werbesprüche, an das der CAMEL-Versuch allerdings nicht im Geringsten heranreicht. Dabei ging es bei dem berühmten Spruch auch um Zigaretten. Der ältere Teil der deutschen Bevölkerung erinnert sich bestimmt noch an das „HB-Männchen". Das war eine Zeichentrickfigur, inoffiziell Bruno genannt, die von 1957 bis 1984 für die Zigarettenmarke HB warb. HB steht übrigens als Abkürzung für den Namen der Dresdner Zigarettenfabrik „Haus Bergmann", die aber bereits 1932 von British American Tobacco (BAT) aufgekauft wurde.
In den Fernseh- und Kinospots wurden ständig nach dem gleichen Muster Alltagssituationen gezeigt, bei denen etwas schief lief, was den guten Bruno jedes Mal tierisch aufregte. Dann tobte er in einer unverständlichen Sprache (dabei soll es sich übrigens um Arabisch gehandelt haben, das rückwärts mit erhöhter und zunehmender Geschwindigkeit abgespielt wurde) und ging buchstäblich in die Luft. Dann ertönte eine sanfte Stimme aus dem Off und sprach die berühmten Werbeworte: *„Halt, mein Freund. Wer wird denn gleich in die Luft*

gehen? Greife lieber zur HB!" Dann schwebte Bruno sanft auf die Erde zurück, und während er eine HB rauchte, ergänzte die Stimme *„… dann geht alles wie von selbst"* und in der entsprechenden Zeichentrickszene löste sich das vorherige Problem wie im Fluge auf.

Es ist gesundheitspolitisch sicher nicht korrekt, die Zigarette als Problemlöser und Entspannungsmittel zu bewerben, aber es wird – wie das Beispiel CAMEL zeigt – immer noch versucht.

Der Vergleich zwischen dem aktuellen CAMEL-Claim mit dem seit über einem Vierteljahrhundert nicht mehr genutzten deutschen Claim von HB – der im Übrigen auch nicht gerade als kurz und prägnant bezeichnet werden kann – sagt auch etwas über die Nachhaltigkeit der Muttersprache im Vergleich zu einer Fremdsprache aus. Hierzu ein kurzer Test: Erinnern Sie sich eigentlich jetzt noch an den CAMEL-Claim aus der Kapitel-Überschrift?

Die Top Ten der Werbesprache

Hier nun Platz drei der aktuellen Top Ten:

STORE

Es gibt immer weniger Geschäfte, Läden und Kaufhäuser in Deutschland; dafür immer mehr Stores. Dabei besitzt die Vokabel „store" im Deutschen viele Bedeutungen:

Definitiv nicht gemeint ist das aus dem Französischen stammende Wort „store", mit dem man eine Gardine bezeichnet, in der Schweiz auch eine Jalousie, vielmehr das englische Wort. Als Substantiv steht „store" für „Geschäft", „Lager/Lagerhaus", „Laden", „Kaufhaus" und „Filiale" und als Verb „to store" für „ablegen", „bevorraten", „(ab)speichern", „aufbewahren".

In den letzten Jahren hat das englische Wort „store" begonnen, einen anderen Anglizismus abzulösen, nämlich das ebenfalls in Deutschland sehr populäre Wort „shop".

Store gibt es inzwischen in allen möglichen Kombinationen als

Mega Store	= sehr großer Laden
Outlet Store	= Fabrikverkauf / auch Restpostenladen
Fashion Store	= Modeladen
Apple Store	= eigentlich Apfelgeschäft, aber i.d.R. Verkaufsstelle für Produkte der Marke Apple
Music Store	= Musikladen (Platten-/CD-Geschäft)
Department Store	= Kaufhaus/Warenhaus
Candy Store	= Süßwarenladen

Für die plötzliche Karriere des Wortes „store" in Deutschland gibt es keine rationale Erklärung, aber offenbar haben sich die Wörter „shop" (u. a. für „Laden") und „shopping" (für „Einkaufen") in der Werbesprache im Laufe der Zeit ein wenig abgenutzt.

Zweite Werbepause:
Worst case ist keine Wurstschachtel

Fliegende Irrtümer?

Wie schon erwähnt, spielt Englisch in der Luftfahrt eine besondere Rolle – nicht zuletzt, weil Englisch die offizielle internationale Luftfahrtsprache ist. Von den 120 in Deutschland zugelassenen Fluggesellschaften tragen derzeit nur zwei international tätige Linien einen typisch deutschen Namen: LUFTHANSA und GERMANIA. Ausgenommen von einigen wenigen Regionalfluggesellschaften, wie OSTRFRIESISCHE LUFTTRANSPORT (OLTRA) mit Sitz in Emden oder die WESTFLUG in Aachen, sind deutsch-englische Kombinationen vorherrschend, wie z.B. AIR BERLIN. „Berliner Luft" würde wahrscheinlich ähnlich komisch klingen wie „Deutsche Flügel" für GERMANWINGS, aber vielleicht auch nur deshalb, weil wir es nicht gewohnt sind.

Eigentlich sind englische Namen im Flugverkehr kein Problem, wenn man nicht gerade eine Tochter der inzwischen von der Lufthansa dominierten AUSTRIAN AIRLINES ist. Eine solche heißt nämlich AUSTRIAN ARROWS, also auf Deutsch „Österreichische Pfeile"; so weit, so gut. Nur wenn man mal mit dieser Linie geflogen ist und dann von der charmanten Flugbegleiterin mit Wiener Akzent begrüßt wird, hört man leicht: „Thank you for flying AUSTRIAN ERRORS" – also „Österreichische Irrtümer". Das darf man dann mit Recht einen „weniger idealen Namen" nennen.

Rund um den Flugverkehr sind englische Vokabeln inzwischen selbstverständlich – aber vielleicht dabei nicht allen immer voll verständlich. Wir gehen zum *Check-in* zum *Einchecken*, da erhält man eine *Boardingcard*, sofern man nicht bereits *online eingecheckt* hat. Und dann geht es zum Boarding. Hier verschwimmen die Grenzen zwischen reinem Englisch und eingedeutschten Anglizismen.

Läden für den A…?

Eine Vielzahl von Bäckereien, Backwaren-Verkaufsstellen und sonstigen Backläden nennt sich in Deutschland BACK-SHOP, sogar ein (Online-) Lieferant für Bäckereibedarf heißt BACKSHOP24. Die meisten Kunden verstehen auch, was damit gemeint ist, denn das Wort „Shop" ist – ebenso wie das Verb „shoppen" – inzwischen in die deutsche Umgangssprache als Lehnwort integriert. Und „backen" kennen natürlich auch alle.

Auf die Frage an einen gestandenen Bäckermeister, warum er seine fünfzehn Verkaufsstellen „Backshops" nennt, antwortete dieser, dass er gerne moderner und internationaler wirken möchte. Mit der „Internationalität" ist das allerdings so eine Sache, denn für den englischen Muttersprachler steht „Back" für „Rücken", für „hinten", aber eben auch für „Hintern". So gesehen ließe sich der „Backshop" bestenfalls als Hinterhofladen und schlimmstenfalls als „Laden für den A…" interpretieren.

Schlechter Führer?

Mit Führern haben Deutsche und Österreicher einschlägige und bekanntermaßen schlechte Erfahrungen gemacht. Daher ist es durchaus verständlich, dass das Wort „Führer" eher gemieden wird. Zwar gibt es immer noch einen Führerschein, und auch Fremdenführer werden noch vereinzelt gesichtet, aber insbesondere die Medien suchen sich andere Begriffe, besonders gern englische.

Nun gibt es wohl kaum etwas Deutscheres als den „Zentralverband Sanitär, Heizung, Klima (SHK)", dessen Motto übrigens lautet: „Am Werke erkennt man den Meister." Und eben dieser Zentralverband hält „Instrumente zur Marktbelebung" für seine Mitglieder bereit, darunter Publikationen wie den „BadGuide". In den Verbandsmitteilungen heißt es dazu: „Der BadGuide wird bei Endkundenanfragen versendet und macht deutlich, dass es nicht nur beim Großhandel, sondern vor allem beim SHK-Handwerk qualifizierte Ausstellungen gibt." Spätestens hier wird klar, dass es sich beim BadGuide nicht um einen schlechten Führer, sondern – in bester deutsch-englischer Sprachharmonie – um einen „Badezimmerführer" handelt. Dass das englische Wort „bad" auf Deutsch „schlecht" heißt, scheint dem zuständigen Redakteur nicht bekannt oder schlicht egal zu sein. Auf Englisch hätte das Ganze übrigens „Bathroom Guide" heißen müssen.

„Bad" ist auf jeden Fall ganz schlecht und ein „schlechter Führer" sicher nicht gewollt, aber für jeden englischen Muttersprachler nur so zu lesen.

Der „Badguide" ist in Deutschland aber kein Einzelfall. Auch diverse Wohn- und Designzeitschriften nutzen zuweilen diese Titel für Sonderseiten und Sonderpublikationen.

Taschen für Tote?

Bei der Firma LEDERFUCHS, die auch im Internet ihre Waren anbietet, gibt es jede Menge Ledertaschen, darunter auch „körperbetonte Bodybags". Die Marke ELGG wirbt mit dem Satz *„Der coole Materialmix des Bodybags macht Dich zum Trendsetter."* Viele andere Firmen bieten ebenfalls „Bodybags" an: Bei GIULIA gibt es besonders strapazierfähige „Bodybags" für Damen und bei GREEN BURRY sogar einen „Bodybag-Rucksack". Interessant ist auch der „Total-Body Bodybag Overall", den es bei ANNIS SHOP im Internet gibt und der beschrieben wird als „schwarzer Ganzkörperanzug mit Kopfmaske, Händen und Füßen aus hautfreundlichem Latex". Und noch merkwürdiger erscheint das auf der gleichen Internetseite angebotene „Latex Bodybag-Saunasack-Kondom", das auch „mit Wasser befüllbar ist und sich für

Ölspiele eignet". Dagegen wirkt der „Bodybag St. Moritz" von TUSCANY LEATHER direkt langweilig.

Was sind denn nun eigentlich Bodybags? Neben allerlei modischen, sportlichen oder auch erotischen Produkten fällt bei der Internetsuche ein Bodybag-Angebot deutlich heraus: Die Firma „Orbis-Bestattungsbedarf" bietet nämlich unter der Rubrik „Arbeitshilfsmittel" neben Sargroller und Schaufeltrage ebenfalls Bodybags an – in L und S, wobei darauf hingewiesen wird, dass das Produkt in Zusammenarbeit mit dem Bundeskriminalamt entwickelt worden ist.

„Bodybag" („body bag") ist nämlich die englische Bezeichnung für „Leichensack". Das kann peinlich werden, wenn irgendwelche mehr oder weniger körperbetonte Rucksäcke englischen Muttersprachlern als Bodybags angeboten werden. Übrigens lautet die korrekte Übersetzung von Rucksack ins Englische: „rucksack" (sprich „racksäck").

Online-Kaffee?

In vielen Städten gibt es sie, Läden, die sich „Internet Coffee" nennen oder dieses zumindest auf und über ihre Türen und Fenster schreiben. Es gibt bekanntlich viele Sorten Kaffee: Hochland-Kaffee, Guatemala-Kaffee, koffeinfreien Kaffee etc. – Wie wird da wohl Kaffee vom Internet schmecken, mag sich der Englisch-Kenner fragen?

Gemeint ist in den meisten Fällen ein „Internet Café". Einen „coffee" zum Hineingehen kennt man im Englischen nicht, sondern nur eine „coffee bar", ein „coffeehouse" oder eben ein „café".

Vielleicht haben sich die Initiatoren der zahlreichen „Internet Coffees" unbewusst an der Marke STARBUCKS orientiert. Dort steht im Logo auch „STARBUCKS COFFEE", wobei aber offen bleibt, ob damit der Kaffee oder die Lokalität gemeint war. Seit 2011 verzichtet STARBUCKS auf das Wort „coffee" im Logo, um offen für weitere Produkte zu sein.

Derartige Irrtümer sind dumm, aber nicht tragisch. Noch dümmer wäre nur, seine Lokalität „Coffee Shop" zu nennen. Dann gäbe es nicht nur Probleme mit Engländern und Amerikanern (die in der deutschen Provinz ja nicht so häufig anzutreffen sind), sondern mit den Niederländern. Denn in Holland bekommt man in einem „Coffee Shop" in der Regel kein Internet, aber dafür andere bewusstseinserweiternde Stoffe.

Rassismus im MP3-Format

Das zeitweise in Insolvenz geratene Unternehmen TrekStore aus Hessen war sehr groß im Vertrieb von MP3-Playern und USB-Sticks. Nach dem enormen Erfolg des iPod von APPLE legte man eine neue Produktserie auf und nannte sie nach bester Nachahmerstrategie „iBeat".

Von dieser Produktreihe gab es verschiedene Ausführungen und Farbvarianten. Einer schwarzen Serie gab man dabei den Namen „iBeat blaxx". Das sorgte insbesondere beim Export in die USA für Furore, denn gesprochen klingt der Name wie die Übersetzung von „ich schlage Schwarze". Ob das nun der Grund für die vorübergehende Insolvenz der Firma war, ließ sich im Nachhinein nicht mehr rekonstruieren.

Auf jeden Fall änderten die Verantwortlichen nach den ersten unschönen Reaktionen den Namen in BLAX (ohne „iBeat") um. Inzwischen besteht die Serie nur noch aus „i.Beat swap", „i.Beat cebrax", „i.Beat clip", „i.Beat move" und „i.Beat run".

Die diesen Geräten zugrunde liegende MP3-Technologie stammt übrigens ausnahmsweise nicht aus den USA. Das Verfahren zur Kompression von Audiodateien wurde maßgeblich von der deutschen Fraunhofer-Gesellschaft in Deutschland entwickelt. Die Abkürzung MP3 leitet sich von MPEG ab, was wiederum für „Moving Picture Experts Group" steht und sich auf die Datenkompression von Video- und Audiodaten bezieht. Das „M" in MP3 hat also eigentlich nichts mit Musik zu tun, wenn auch viele glauben, MP3 stünde für die dritte Generation von „Music Playern".

Westafrikanische Heißgetränke

Fastfood und auch heiße Getränke zum Mitnehmen werden in Deutschland immer populärer. Häufig liest man dabei vom „Café to go". „For to go" ist zwar in Nordamerika eine der möglichen Bezeichnungen dafür, etwas „zum Mitnehmen" zu bestellen (in den meisten anderen Teilen der englischsprachigen Welt heißt es übrigens „to take way", „to take-out" oder „to carry-out"), aber „das Café" ist in den meisten Fällen eben nicht zum Mitnehmen. Das korrekte Angebot müsste Englisch „Coffee" heißen, es sei denn, man bietet französischen „Café" auf Englisch zum Mitnehmen an. – Das würde dann zum westafrikanischen Staat Togo passen, da spricht man nämlich auch Französisch.

Wieso das? In Irland gibt es ein Gastronomie-Unternehmen, das sich „Café Togo" nennt und, ausgehend von Dublin, inzwischen neun Filialen im Land unterhält. Über seinen Lieferservice kann man übrigens auch Kaffee ordern, also eine Art „Coffee to bring".

Die Wortmarke „… to go" hat sich in Deutschland übrigens die Firma FERRERO gesichert und zwar für „Tee und Teezubereitung". Man darf gespannt sein, was sich daraus entwickeln wird.

Fahr einfach durch

Viele von uns benutzen den Begriff „Drive-in" in den unterschiedlichsten Schreibweisen für Schnellrestaurants, die einen Autoschalter besitzen. Tatsächlich fährt man aber nicht in diese Restaurants hinein, wie die wörtliche Übersetzung dieses Begriffes vermuten lässt, sondern an einem Schalter vorbei oder durch eine Einfahrt hindurch. Darum heißen vergleichbare Restaurants in den USA auch „Drive Through" (Fahr durch), in der Abkürzungsmanier der Amerikaner auch häufig als „Drive-Thru" dargestellt. Wahrscheinlich war es das für deutsche Zungen nicht ganz so einfach zu sprechende englische „th", was die umfassende Einführung dieses Begriffes in Deutschland verhindert hat. Obwohl es Ausnahmen gibt. So schuf die sachsen-anhaltische Stadt Aschersleben im Jahr 2007 Deutschlands erste „Drive Thru Gallery" als öffentliche Kunstausstellung, die beim Vorbeifahren angeschaut werden kann.

Tatsächlich gibt es in Amerika auch „Drive-ins", obwohl deren beste Zeit eindeutig vorbei ist. In den Fünfziger- und Sechzigerjahren war es schick, mit seinem Auto in ein Drive-in zu fahren. Dort bekam man dann ein Tablett an sein offenes Seitenfenster gehängt, auf dem die Speisen serviert wurden. Meist handelte es sich um Freiluft-Örtlichkeiten, die bei Regen stark unter Besuchermangel litten.

Einige Schnellrestaurants in Deutschland entziehen sich der Problematik, entweder eine „falsche" Bezeichnung oder eine (unübliche) deutsche Übersetzung zu wählen und geben ihren Auto-Schaltern eigene Namen, wie zum Beispiel „McDrive" von McDONALD's.

Basiskappen

Viele Geschäfte in Deutschland bieten „Basecaps" an. So gibt es zum Beispiel bei BASECAP.COM eine große Vielfalt an Kopfbedeckungen. Darunter das „Basecap Memphis Navi", das „Adidas Basecap rot" oder das „Linkin Park Fan Basecap". In allen Fällen handelt es sich um Schirmmützen, die in den USA als „Baseball Caps" bekannt sind.

Es ist ja durchaus verständlich, keine völlige Übersetzung vorzunehmen, denn die müsste dann „Schlagballmütze" oder „Schlagballkappe" heißen. Und damit ginge dieses gewisse amerikanische Gefühl, das gerne mitverkauft wird, verloren.

Deshalb ist es nachvollziehbar, wenn man bei der Werbung für derartige – typisch amerikanische – Produkte die Originalbezeichnung beibehält. Allerdings wird es für englische Muttersprachler dann abstrus, wenn durch eine vermeintliche Abkürzung ein neuer Begriff geschaffen wird, wie in diesem Fall „base".

Das englische Wort „base" kann viele Bedeutungen haben. Es steht für „Basis", „chemische Base", „Boden", „Fundament" und „Befestigung" – als „Basis-Kappe" oder „Basis-Mütze" ist es allerdings in der englischen Sprache unbekannt.

Formal korrekt wäre diese Bezeichnung „Basecap" höchstens, wenn man damit eine entsprechende Kopfdeckung bezeichnet, die als Werbeträger für die Mobilfunkmarke BASE fungiert.

Schöne Bauern gesucht

In Deutschland gibt es hunderte von „Beauty-Farms" – oder heißt es Beauty-Farmen? Schönheit, Schlankheit und „Wellness" sind ein wachsender Markt. Der Trend kommt – wie so vieles – eigentlich aus den USA. Dabei fällt aber auf, dass es in den USA keine einzige „Beauty-Farm" gibt. Wie kann das sein? Das liegt einzig und allein daran, dass dieser Begriff in den USA (wie auch in England) nicht existiert. „Beauty Farm" ist ein Scheinanglizismus, den wir in Deutschland selbst geschaffen haben.

Wer den Namen als erster ins Leben gerufen hat, lässt sich heute nicht mehr genau nachvollziehen. Vielleicht hat sich jemand von der alten Jugend-Fernsehserie mit dem Titel „Black Beauty" inspirieren lassen. Da ging es um ein schönes, schwarzes Pferd, das natürlich auf einer Farm lebte.

Die adäquateste Übersetzung in die englische Sprache wäre wohl „Spa", wobei dieser Begriff auch nicht originär Englisch ist, sondern sich vom belgischen Kur- und Heilbad Spa ableitet.

Die Deutsche Worterfindung schadet nicht, solange sie nur deutschsprachiges Publikum anspricht, anderenfalls wären im Zeitalter von FARM VILLE und anderen Internetspielen Verwechslungen vorprogrammiert.

Dienste, die etwas leisten – Service-Englisch oder Englisch-Service?

Das Wort „Dienstleistungen" wird allenthalben zu „Service". Und das ist verständlich, denn Service klingt irgendwie geschmeidiger als sein etwas ungelenker deutscher Verwandter. Banken, Versicherungen und Energieversorger – viele dieser Dienstleister haben im letzten Jahrzehnt mit englischen Sprüchen experimentiert. Einige sind dabei geblieben, andere wieder zu Deutsch zurückgekehrt, und wieder andere entdecken gerade die englische Sprache neu.
Die Anglisierung der Werbung geht einher mit dem Import von immer mehr englischen Vokabeln. Wenn aus der EDV-Abteilung eine „IT-Unit" wird, ist es doch eigentlich fast logisch, dass aus der Baufinanzierung ein „easyhyp"-Produkt wird – oder? Dann kann doch gleich der dazugehörige Werbespruch auch auf Englisch formuliert werden?
Aber offensichtlich gibt es Grenzen des Verstehens, wie die folgenden Beispiele eindrucksvoll zeigen.

BECAUSE CHANGE HAPPENZ
ODER: VERSICHERUNGEN IM WANDEL

Von Zigaretten zu Versicherungen ist der Weg manchmal gar nicht so weit, denn aus der Zürich-Versicherungs-Gesellschaft AG wird nach der Fusion mit der Finanzdivision der British American Tobacco 1989 die „Zurich Financial Service AG" (Zurich ohne Umlaut). Also ein Schweizer Unternehmen mit einem englischen Namen. Dazu passt natürlich auch ein englischer Claim – offensichtlich auch, wenn er sich an deutsches (wie auch Schweizer) Publikum wendet: *„Because change happenz"*. Das orthografisch falsche „z" am Ende des letzten Wortes wird in Werbeerzeugnissen von ZURICH bei genauem Hinsehen in einer anderen (leicht geschwungenen) Schrift dargestellt, die an den ersten Buchstaben des ZURICH-Logos erinnert.

Doch auf diese Verbindung ist keiner der über eintausend Probanden, die dazu befragt wurden, von sich aus gestoßen, obwohl der originale Schriftzug vorgelegt wurde. Insgesamt konnten ihn auch nur zehn Prozent dieser Befragten in etwa übersetzen. Andere versuchten es z.B. mit:

♦ Weil Chancen glücklich machen
♦ Weil man etwas wechseln kann

Tatsächlich will der Spruch in Anlehnung an die in der englischen Sprache bekannte Redewendung „shit happens" – „Mist passiert (schon mal)" – sagen, dass immer etwas Unerwartetes passieren kann (... und es deshalb gut wäre, dagegen versichert zu sein.) Die naheliegendste, direkteste Übersetzung sollte demnach heißen:

♦ Weil sich etwas ändern kann

Aber das wussten nicht einmal die Repräsentanten der Zurich-Versicherung in Köln, als sie im Frühjahr 2010 von der Stern-TV-Redaktion (RTL) vor laufender Kamera danach gefragt wurden.

Den englischen Spruch in der unüblichen Schreibweise hat sich die Versicherung sogar als EU-Marke international schützen lassen und versieht ihn dazu auch jeweils mit dem „®" für „registrierte Marke". Das macht man gemeinhin, um zu verhindern, dass jemand derartiges geistiges Eigentum kopiert. Aber mal ehrlich, wer würde diesen Spruch schon kopieren wollen?

◆◆◆

WHERE MONEY LIVES
ODER: BANKWERBUNG VOR DER BANKENKRISE

Die Bank, über die hier berichtet wird, gibt es in dieser Form gar nicht mehr. Dennoch sind die Ergebnisse des Claimtests aus dem Jahr 2003 teilweise so skurril, dass sie hier Erwähnung verdienen, zumal sie symptomatisch für die Wirkung von scheinbar einfachem Englisch sind. Es geht um die CITIBANK, deren deutscher Ableger inzwischen an die französische Genossenschaftsbank CRÉDIT MUTUEL verkauft und in TARGO BANK umbenannt wurde. Ursprünglich handelt es sich bei dem Unternehmen übrigens um ein urdeutsches Unternehmen, das bereits 1926 als KUNDENKREDITBANK (KKB) im ostpreußischen Königsberg gegründet wurde.

Bei der Frage nach der möglichen deutschen Bedeutung des Claims „ *Where Money Lives* " machte es einen großen Unterschied, ob diese drei Wörter vorgelesen oder schriftlich präsentiert wurden. Bei der vorgelesenen Variante kam es zu den kurioseren Übersetzungen wie:

- ◆ Wo Manni lebt (nur eine Nennung, die aber nicht verschwiegen werden sollte)
- ◆ Wer Geld liebt
- ◆ Das Leben des Geldes

Aber auch in der schriftlich vorgelegten Form wussten nur 21 Prozent von über eintausend Befragten tatsächlich, was gemeint war, nämlich:

◆ Wo das Geld lebt

Das war wohlgemerkt vor der großen internationalen Bankenkrise, an der die amerikanische Citibank Group nicht ganz unbeteiligt war. Sonst hätte man wahrscheinlich weniger „auf das Eigenleben von Geld" hingewiesen, das sich im Zweifelsfall auch schon mal in Luft auflösen kann.

ONE GROUP. MULTI UTILITIES.
ODER: MIT ENERGIE NACH BABYLON

Der Spruch „*One Group. Multi Utilities*" des deutschen Energieversorgers RWE schoss bei der Untersuchung im Jahre 2003 den Vogel ab. Nur etwa acht Prozent der Befragten wussten, was damit gemeint war. Eine zusätzliche Stichprobenbefragung bei Mitarbeitern von RWE vor deren Konzernzentrale – wo dieser Spruch sogar als Außenwerbung zu lesen war – kam zu einem ähnlich niederschmetternden Ergebnis. Häufig wurde als Übersetzungsversuch genannt:

◆ Ohne Gruppe. Multi-Kulti.
◆ Eine Gruppe. Multi-Kulti.
◆ Viele Werkzeuge für eine Gruppe.
◆ Eine Gruppe. Viele Stämme.

Gemeint war übrigens:

◆ Eine Gruppe. Viele Versorgungsarten.

Kurz nach dem Bekanntwerden der Untersuchungsergebnisse änderte RWE den Firmenspruch in *„Alles aus einer Hand"*, verbunden mit einem Logo, das die Silhouette einer Hand zeigte. Aber auch dieser Claim hielt nicht lange durch. Danach hieß es *„VORWEGGEHEN"*, ein Wortspiel, das sich allerdings nur beim Lesen des entsprechend gestalteten Spruches erschließt (selbst dann, wenn die Landessprache verwendet wird).

◆◆◆

EXCELLENCE. SIMPLY DELIVERED.
ODER: WIE DIE POST EINFACH WIRD

Der Paketdienst der Deutschen Post heißt seit 2004 DHL und wirbt eigenständig um Kunden. Seit 2010 tut er das international mit dem Claim *„Excellence. Simply Delivered"*, den die Agentur „180" aus Amsterdam entwickelt hat. Man kann annehmen, dass damit in erster Linie Geschäftskunden angesprochen werden sollen. Da sich aber auch Anzeigen in Endverbrauchermedien mit dem Spruch schmücken, war ein Test gestattet, der in diesem Fall mit Kunden einer Postfiliale in Köln durchgeführt wurde.

Auf die Frage, was mit dem Spruch wohl gemeint sei, konnten ca. achtzig Prozent der Befragten keine korrekte Antwort geben. Hingegen waren Vermutungen wie folgende zu hören:

- ◆ Exzellent einfach vom Leben
- ◆ Die Klasse vom einfachen Leben

Offenbar bereitete die Vokabel „to deliver" (liefern/abliefern) mehr Probleme als es die Urheber dieses Claims vermutet hatten. Dieser Spruch spielt mit der Bedeutungsbreite von „deliver" und impliziert „Spitzenleistung (= Exzellenz), die unkompliziert erbracht (= abgeliefert) werden soll". Hier treffen sich Anspruch und Ansporn in einem Spruch, der sich umso weniger an der Realität messen lassen muss, je mehr er sich hinter einer anderen Sprache versteckt.

Die Top Ten der Werbesprache

Endlich die Nummer zwei der aktuellen Top Ten:

MORE

„More" heißt bekanntlich „mehr", und „more" wird immer mehr in der deutschen Werbung benutzt. Es gibt sogar eine Einzelhandelskette für Damenoberbekleidung mit dem Namen „more & more". Das ist übrigens ein deutsches Unternehmen mit Hauptsitz im bayerischen Starnberg. Ansonsten wird „more" gerne auch als „&/and more" an Claims und Taglines angehängt, wenn man sagen möchte, dass man (eigentlich) noch mehr bietet. Die Datenbank Slogans.de zählt seit dem Jahr 2000 über 35 000 verschiedene Claims mit dem Wort „more" allein in Deutschland.

Warum „more" nun vorteilhafter als „mehr" sein soll, lässt sich nicht eindeutig sagen. „Und mehr" klingt in der Regel wenig kreativ, daher ist anzunehmen, dass die englische Übersetzung die jeweilige Werbeaussage interessanter machen soll.

Medien, Elektronik & mehr –
Technik, die Sprache begeistert?

Wir verdanken den Amerikanern das Internet wie die meisten unser Leben beeinflussenden Innovationen, vom iPHONE bis zu FACEBOOK. Nicht immer haben sie alles erfunden, aber in den meisten Fällen haben sie es besser vermarktet. Da in Amerika bekanntlich hauptsächlich Englisch gesprochen wird, ist es nur logisch, dass auch bei uns in diesen Branchen der größte Schub an Neologismen (neuen Wörtern) englisch beeinflusst wird und die Werbung sich hier am ehesten englischer Vokabeln bedient. Zusätzliche Argumente für den Gebrauch von Englisch liefern die mit der Unterhaltungselektronik eng verbundenen Inhalte von Hollywood über MTV bis hin zu Videospielen.

Beim Gang durch die Auslagen großer Elektronikmärkte suggeriert allein der Blick auf die Verpackungen, Beschreibungen und Werbehinweise, dass zumindest die junge Generation anscheinend mehr Englisch als Deutsch spricht.

Ob das wirklich so ist und ob diese Generation eigentlich weiß, wovon geredet wird – wenn mit ihr Englisch gesprochen wird – das zeigt der Blick auf Claims dieser Branchen:

BROADCAST YOURSELF
ODER: DAS BROTKASTEN-PHÄNOMEN

Die Ergebnisse der Claimstudie zu *„Broadcast Yourself"* waren bereits Aufhänger vieler Medienberichte. Einige der Fehlübersetzungen wurden zunächst angezweifelt, weil sie so abstrus klangen, aber eigene Tests verschiedener TV-Sender und

Zeitungsredaktionen kamen exakt zu den gleichen Erkennt-
nissen. Was war passiert?

Das zu GOOGLE gehörende und weltweit führende Internet-
Portal YOUTUBE wirbt international mit dem Spruch
„Broadcast Yourself". YOUTUBE kennt jeder, YOUTUBE
nutzt jeder – zumindest jeder unter 35. Da sollten sich doch
die Massen auskennen, auch – und gerade – mit der Werbung
dieses Unternehmens. Dem war aber nicht so. Bei der großen
2009er Claimstudie mit über eintausend Interviews konnte
nur knapp ein Drittel (dreißig Prozent) die englische Aufforderung des Claims sinngemäß übersetzen. Allerdings glaubten wesentlich mehr, nämlich 43 Prozent, sie wüssten, was
YOUTUBE damit meint. Einige zugegebenermaßen extreme
Interpretationen, die vom Absender bestimmt nicht gewünscht waren, lauteten beispielsweise:

- Mache deinen Brotkasten selbst
- Sei dein eigener Brotkasten
- Entdecke dich selbst
- Füttere dich selbst

Aber weder Selbstfindung noch Brotkästen waren gemeint.
Vielmehr heißt der Spruch so viel wie „Sende dich selbst"
bzw. „Strahle dich selbst aus" (engl. „to broadcast" = „etwas
durch Rundfunk verbreiten").

Unerwarteterweise gab es auch keine signifikanten Unter-
schiede zwischen den Antworten älterer und jüngerer Befrag-
ter. Entweder man weiß, was „to broadcast" heißt, oder man
weiß es nicht. Mutmaßungen helfen in diesem Fall nicht
weiter.

„Broadcasting" ist ein in der englischen Sprache durchaus ver-
breiteter Begriff. So steht zum Beispiel BBC für „British Broadcasting Corporation" oder ABC für „American Broadcasting
Company". In der deutschen Konsumentensprache ist das

– zumindest bis zum Zeitpunkt der Untersuchung – noch nicht richtig angekommen. Aber bestimmt gibt es irgendwo auf YOUTUBE auch eine Anleitung zum Brotkastenbau. Bislang landet man bei der Eingabe von „Brotkasten" in das Suchfeld von YOUTUBE übrigens bei einer gleichnamigen deutschen Hiphop-Band.

Fairerweise muss man erwähnen, dass YOUTUBE trotz der offenkundigen Missverständnisse extrem erfolgreich ist, zumal klassische Werbung für dieses Medium gar keine Rolle spielt. GOOGLE und YOUTUBE sind, ebenso wie FACE-BOOK, die klassischen Selbstläufer des sogenannten Web 2.0, die sich durch „Mundpropaganda" – der Fachmann spricht von viralem Marketing – explosionsartig verbreitet haben.

STIMULATE YOUR SENSES!
ODER: WIE WERBE-RECYCLING STIMULIEREN KANN

Die LOEWE AG zählt zu den letzten Überlebenden einer einst sehr erfolgreichen deutschen Unterhaltungselektronikindustrie. Stolze Namen wie TELEFUNKEN, GRUNDIG, NORD-MENDE und viele andere sind in der Zwischenzeit untergegangen oder existieren nur noch als Namenslizenzgeber. LOEWE hingegen sitzt immer noch in Kronach in Oberfranken und beschäftigt dort ungefähr eintausend Menschen, auch wenn sich das Werk schon seit 1962 nicht mehr in Familienbesitz befindet. Derzeit hält die japanische SHARP-Cooperation ca. 28 Prozent, das Management ca. fünfzehn Prozent der AG, und der Rest befindet sich im Streubesitz.

Schon im Jahr 2003 warb der Hersteller teurer Fernsehgeräte in vielen deutschen Medien mit dem Spruch *„Stimulate your senses"*.

132

Die falschen Übersetzungsversuche vieler Konsumenten waren wirklich zum Schmunzeln und reichten von gefährlichen Wendungen wie:

♦ Die Sensen stimulieren

bis hin zu nicht ganz stubenreinen Aufforderungen à la:

♦ Befriedige dich selbst

Etwa ein Drittel (34 Prozent) glaubte zu wissen, was gemeint ist, aber nur ein Viertel (25 Prozent) wusste wirklich, was LOEWE damit ausdrücken wollte, nämlich:

♦ Rege deine Sinne an

Das Erstaunliche ist aber, dass LOEWE sich schnell von diesem Spruch verabschiedete (und zum deutschen Spruch „AUFSEHEN. ERREGEND." wechselte), während WRIGLEY'S genau diesen englischen Spruch aufgriff und ihn nun zur Werbung für ein neues hauchdünnes Kaugummi in Deutschland benutzt.

DESIGN DESIRE
ODER: DIE SEHNSUCHT NACH VERSTEHEN ODER VERSTAND?

Die deutsche Marke BRAUN war einmal bekannt für wegweisendes Design. Der sogenannte „Schneewittchensarg", eine klar gestaltete Plattenspieler-Radio-Kombination mit Klarsichtdeckel, kam 1959 auf den Markt und inspirierte sogar noch die Apple-Designer dreißig Jahre später. Jetzt gibt es keine BRAUN-Unterhaltungselektronik mehr, sondern nur noch Rasierer, elektrische Zahnbürsten und Ähnliches. Die

Marke ist auch nicht mehr deutsch, sondern gehört inzwischen zum amerikanischen Procter & Gamble-Konzern (P&C).

Der Begriff „Design" kann durchaus als eingedeutschter Anglizismus bezeichnet werden, der den meisten Deutschen bekannt sein dürfte. Umso erstaunlicher, dass bei der 2009 durchgeführten Befragung nur knapp ein Viertel (24 Prozent) den Spruch *„Design Desire"* annähernd korrekt übersetzen konnte.

Dabei war anfangs gar nicht eindeutig, was nun als „korrekt" oder im „Sinne des Absenders" einzustufen war. Denn wie bei allen Sprüchen, die Gegenstand der Untersuchung waren, fragten die Initiatoren der Studie zunächst beim verantwortlichen Unternehmen an, was dieses als die ideale Übersetzung ansah. Die Auskunft erstaunte in diesem Fall dann doch. Die Pressestelle von Procter & Gamble bezeichnete die Übersetzung als „Betriebsgeheimnis", das man nicht öffentlich verraten möchte. Was zunächst nach einem Scherz eines einzelnen Mitarbeiters klang, entpuppte sich bei weiterer Nachfrage als Firmenpolitik, auch wenn man dabei am Wort „Betriebsgeheimnis" letztendlich nicht festhalten wollte. Aber eine offizielle deutsche Lesart des Spruchs war vom Absender nicht zu erfahren.

Ersatzweise befragte amerikanische Muttersprachler halfen in diesem Fall weiter, stellten aber auch zwei mögliche Interpretationen fest:

◆ Design-Verlangen (Verlangen nach Design)

aber auch

◆ Verlangen/Sehnsucht nach Design/Gestalt(ung)

und

◆ Gestalte (dein) Verlangen

Beinahe die Hälfte der deutschen Befragten (49 Prozent) glaubte auch zu wissen, was gemeint war. Im beschriebenen Sinne schafften es aber nur die eingangs erwähnten 24 Prozent. Keine Ahnung hatten auch mehrere Händler von BRAUN-Waren, die separat befragt wurden. Das dazwischenliegende Viertel kam auf wahrhaft desasträse Übersetzungen wie:

- Designwüste
- Gestaltungsdesaster
- Design spielt (auch) eine Rolle
- Zeichne Unordnung

Trotz aller wüsten Unordnung: Die englischen Vokabeln „design" und „desire" erfreuen sich in der deutschen Werbung auch über die Marke BRAUN hinaus großer Beliebtheit. So zum Beispiel beim Mode-Filialisten CASTRO mit *„Designed for Desire"*. Ganz neu ist die Idee nicht, den gleichen Spruch benutzte auch schon die Telekom bei einer Werbung für das Handy „Siemens SL 55" im Jahr 2002. Inzwischen baut Siemens schon lange keine Mobiltelefone mehr.

SENSE AND SIMPLICITY
ODER: SENSIBLE SIMPLIZITÄT

Ähnlich wie bei BRAUN geht es hier um Werbung für Rasierapparate und Küchenkleingeräte der Marke PHILIPS. Tatsächlich übersetzten einige sehr wenige Befragte das englische Wort „sense" mit dem landwirtschaftlichen Werkzeug „Sense" – auch wenn nur wenige Männer über einen Bartwuchs verfügen, der ein solches Instrument rechtfertigen würde.

Das deutsche Wort „Sense" ist in diesem Zusammenhang natürlich Quatsch. Vielmehr geht es um Gefühle (engl. „sense" = „Gefühl/Sinnesempfindung"). Die eigentliche Herausforderung einer gerechten Übersetzung liegt aber gar nicht darin, Sense oder Sinn zu erkennen, sondern in der schlichten Vokabel „Simplicity".

Das führte zu Interpretationen wie:

♦ Sinn und Einfalt
♦ Denke simpel
♦ Die Sinne simpel ansprechend

Das Wort „simplicity" mit „Einfachheit" zu übersetzen, liegt zwar nahe, birgt aber die Gefahr, dass „Einfachheit" leicht mit „Primitivität" und/oder „Anspruchslosigkeit" interpretiert wird. Gemeint ist aber Einfachheit im Sinne von Unkompliziertheit.

Weil es keine wörtliche Übersetzung gibt, die die Intention von PHILIPS genau trifft, übersetzt man dort diesen Claim nicht gerne. Die am nächsten liegende Übersetzung lautet im übertragenen Sinn:

♦ Gefühlvoll und unkompliziert

Insgesamt glaubten 59 Prozent der Befragten zu wissen, was PHILIPS damit meint, tatsächlich konnten aber nur knapp weniger als die Hälfte der Befragen (48 Prozent) ungefähr der Intention des Unternehmens folgen. Womöglich ist der Claim zu kompliziert.

♦♦♦

POWERED BY EMOTION
ODER: WIE STARK IST FERNSEHEN IN
DEUTSCHLAND?

Der Spruch *„Powered by emotion"* bzw. seine in der Studie
offenbarten Fehlübersetzungen brachten SAT.1 in die Schlag-
zeilen. Besonders die politisch nicht ganz korrekte – wenn
auch nachvollziehbare – Übersetzung:

♦ Kraft durch Freude

Die in dieser Form zwar nur von einigen wenigen Befragten
gelieferte Übersetzung macht ein Problem deutlich, das allenthalben auftaucht: ein „gesundes Vokabel-Halbwissen",
das quer durch alle Bildungsschichten anzutreffen ist. Davon
sind fast alle betroffen, die nicht gerade beruflich häufig Englisch sprechen müssen, die diese Sprache nicht studiert oder
die nur wenig Zeit im englischsprachigen Ausland verbracht
haben. Den Vokabeln nach ist die Übersetzung ja nicht völlig
falsch. „Power" kann „Kraft" oder „Strom" bedeuten, „by"
durchaus schon mal als „durch" übersetzt werden und eine
„Emotion" könnte auch „Freude" sein.
Andere kamen bei ihrer Übersetzung weniger in die Nähe
einstmaliger Freizeitorganisationen, aber auch sie interpretierten nicht unbedingt im Sinne von SAT.1:

♦ Strom bei Emotion
♦ Drück die Düse

Nur ein Drittel (33 Prozent) konnte auf Anhieb die gewünschte Übersetzung liefern, die da in etwa lautet:

♦ Angetrieben von Gefühlen

SAT.1 änderte nach der Veröffentlichung dieser Studie seinen Werbespruch in: *„SAT.1 zeigt's allen"*. Allerdings hielt diese Deutsch-Phase nicht allzu lange an. 2009 stellte SAT.1 seine Eigenwerbung wieder auf Englisch um mit dem Spruch: *„Colour your life."*
Bei diesem Spruch scheint die Übersetzung nicht das Kernproblem zu bilden. Dass „colour" etwas mit Farbe und „life" etwas mit Leben zu tun hat, dürfte vielen bekannt sein. Somit kann man die sinngemäße Übersetzung:

♦ Bring Farbe in dein Leben

relativ leicht herausfinden. Man darf sich aber fragen: Wie sinnvoll ist diese Aufforderung über vierzig Jahre nach Einführung des Farbfernsehens? Senden die anderen Sender nicht in Farbe? Und wie authentisch ist es, wenn Franz Beckenbauer mit hartem bajuwarischen Akzent „Kollor jor Leif" in die Kamera spricht? Da erscheint sein Werbespruch für einen Mobilfunkanbieter einige Jahre zuvor („Ja is' denn heut' scho' Weihnachten?") wesentlich authentischer.
Es steht zu vermuten, dass es weniger die knackige Werbeaussage war, die den Ausschlag für die Formulierung dieses Spruches gab, als vielleicht doch die Fantasielosigkeit der damit betrauten Kreativen.

◆◆◆

SHARE MOMENTS, SHARE LIFE
ODER: FOTOGRAFIEREN IN DER RICHTIGEN SPRACHE

Selbstverständlich litt auch die amerikanische Fotomarke KODAK am nicht aufzuhaltenden Trend zur digitalen Fotografie. Analoge Filme und ihre chemische Entwicklung sind selten geworden. Aber schon zu Anfang dieser Entwicklung besetzte KODAK neue Felder wie die Bearbeitung und den Ausdruck digitaler Aufnahmen und den Vertrieb digitaler Kameras. Bei der Werbung für die Marke steht die Fotokompetenz im Mittelpunkt. Seit 2001 nutzte KODAK weltweit – also auch in Deutschland – den Claim *„Share moments. Share life.“*, der 2003 untersucht wurde.
Das Ergebnis lässt weder Enthusiasmus noch Freude aufkommen. Nur knapp ein Viertel der Befragten (24 Prozent) konnte den Spruch sinngemäß übersetzen. Als wirklich nicht korrekte Übersetzungen wurden z. B. angeführt:

◆ Schare die Momente um dein Leben
◆ Teure Momente, teuer Leben

Gemeint war aber:

◆ Teile Momente, teile das Leben (mit anderen)

Inzwischen hat KODAK die Eine-Welt-Eine-Werbesprache-Politik etwas gelockert und wirbt seit 2010 in Deutschland mit dem Spruch: *„Zeit für ein Lächeln“.*

139

◆◆◆

AT THE HEART OF THE IMAGE
ODER: DIE HARTE ART DER FOTOGRAFIE

Während KODAK durch (analoge) Filme groß und bekannt wurde und Fotoapparate eine Nebenrolle spielten, stehen diese bei NIKON seit etwa 1925 im Mittelpunkt. Das japanische Unternehmen hat die Umstellung von analoger auf digitale Fotografie relativ gut gemeistert, ist seit 1961 in Deutschland, Österreich und der Schweiz präsent und besitzt seitdem mit der NIKON AG Switzerland in Zürich ein europäisches Standbein. Lange Zeit lautete der Claim auf den deutschsprachigen Märkten *„Das Auge der Welt"* (eingeführt 1984). Mit Unterbrechungen wurde der Claim bis ins Jahr 2000 genutzt. Dann hieß es weiterhin in Deutsch: *„Nur wer weiß, was er will, weiß, was er braucht."*, bis 2003 der erste rein englische Spruch eingeführt wurde. Er hieß – erstaunlich ähnlich zur kurz vorher eingeführten „Share …"-Kampagne von KODAK – *„Share your passion"* („Teile deine Leidenschaft"). 2004 wurde zum ersten Mal *„At the heart of the Image"* in Deutschland eingeführt, ein Spruch, der 2010 noch einmal mit einer neuen Werbekampagne aufgelegt wurde und jetzt auch in Österreich und der Schweiz genutzt wird.

Was will NIKON damit sagen? Dazu wurden im Jahr 2010 deutschsprachige Besucher der PHOTOKINA, der größten Fotomesse der Welt, in Köln befragt. Trotz des großen Fachinteresses dieses Personenkreises konnten nur wenige Menschen (23 Prozent), ähnlich wie beim KODAK-Spruch (24 Prozent), den Claim richtig einordnen. Einige aufschlussreiche Übersetzungsversionen lauteten:

◆ Die härtesten Bilder
◆ Am harten Image arbeiten

Gemeint sind aber weder irgendwie anstößigen Bilder noch will man sich um ein möglichst ruppiges Auftreten bemühen. Im Gegenteil: Das „Herz" steht im Mittelpunkt des Claims, dessen gewünschte Übersetzung lautet:

- Am Herz des Bildes

Ganz schön hart!

◆◆◆

BE INSPIRED
ODER: INSPIRATIONEN DES MOBILFUNKS

Viele Werbesprüche sind sehr kurzlebig, manche Marken auch. Bei diesem Spruch kommt beides zusammen. Als SIEMENS MOBILE Anfang dieses Jahrtausends mit dem Spruch *„Be inspired"* auf den Markt kam, ahnten die Macher sicher noch nicht, dass es diese Marke schon in der zweiten Hälfte des ersten Jahrzehnts nicht mehr geben würde. Verstanden hat diese Werbung aber ohnehin nur eine Minderheit. Die lustigsten Übersetzungsversuche lauteten:

- Von Bienen inspiziert
- Ich bin angeregt

Nur etwa fünfzehn Prozent der dazu befragten Personen erkannten, dass es den Urhebern eher darauf ankam, sich inspirieren zu lassen von der Fülle der Möglichkeiten, die ein derartiges Mobiltelefon bietet. Entsprechend heißt der Claim auf Deutsch:

- Lass dich inspirieren

Ein SIEMENS-MOBILE-Sprecher sah sich nach der Veröffentlichung der Ergebnisse dieser Studie veranlasst, gegenüber dem Berliner Tagesspiegel festzustellen, dass die Übersetzung nicht relevant sei, weil es SIEMENS MOBILE nur auf das zu vermittelnde Gefühl ankomme. Welche Gefühle für Mobilfunktelefone allerdings durch Bienen oder gänzliches Nichtverstehen geweckt werden, konnte oder wollte niemand beantworten.

Ganz originell war der Spruch aber auch nicht, denn mit den gleichen Worten warben zuvor bereits die englische Zeitung „The Sunday Times", das South Devon College, das Hotel de France auf der Insel Jersey und ca. fünfzehn weitere Firmen und Institutionen (allerdings vornehmlich in Großbritannien und den USA). Da hatte sich die mit der Claimentwicklung betraute Agentur offenbar inspirieren lassen.

MAKE THE MOST OF NOW
ODER: DAS MEISTE TELEFON

Der britische Mobilfunkanbieter VODAFONE, der seit der Übernahme von MANNESMANN MOBILFUNK im Jahr 2000 auch in Deutschland sehr präsent ist, warb hierzulande zunächst mit deutschen Sprüchen. Ab 2006 allerdings nutzte man den englischen Satz *„Make the most of now"*. Nur ziemlich genau ein Drittel (33 Prozent) der dazu befragten Personen war in der Lage, diesen Spruch zu übersetzen. Die Übersetzungsversuche wirkten in Teilen recht kreativ:

- ♦ Mach meist nicht alles
- ♦ Mach's meistens jetzt
- ♦ Mach keinen Most daraus

Tatsächlich enthielt der Spruch fast eine philosophische Komponente, denn gemeint war:

♦ Mach das Beste aus dem Augenblick/Nutze den Moment

Der Spruch, der auch in Großbritannien genutzt wurde, stammte von der Agentur JWT und wurde in Deutschland bis 2009 eingesetzt. Dann kam eine neue Agentur mit einem neuen Spruch ins Spiel. Scholz & Friends brachte VODA-FONE wieder auf Deutschkurs mit dem Spruch *„Es ist Deine Zeit"*.

FREEDOM OF SPEECH
ODER: KEHRTWENDE IN DER
MOBILFUNKWERBUNG

Die Mobilfunkmarke BASE – in Deutschland eine Marke von E-Plus (in Belgien ein eigener Netzanbieter) – warb im Jahr 2006 zunächst mit dem englischen Spruch *„Freedom of Speech"*. Nachdem die Untersuchung zum Verständnis dieses Spruches bei den Konsumenten abgeschlossen war, änderte BASE den Spruch (ohne die Ergebnisse der Studie zu kennen) in Deutsch um. Der neue Spruch hieß noch im selben Jahr: *„Die neue Redefreiheit"*.
Das war ganz offensichtlich eine gute Entscheidung, denn den englischen Spruch verstanden nur 38 Prozent der Befragten. Die falschen Übersetzungsversuche lauteten zum Beispiel:

♦ Frieden der Geschwindigkeit
♦ Rede in Frieden

Jenseits von Frieden und Geschwindigkeit war jedoch tatsächlich einfach eben jene „Redefreiheit" gemeint, die der neue Claim propagiert. Dabei sollte erwähnt werden, dass „Freedom of Speech" ein bekannter Ausdruck des amerikanischen Liberalismus ist, verankert im 1. Zusatzartikel zur Verfassung der Vereinigten Staaten von 1791, der auch als Grundrechtskatalog bezeichnet wird.

◆◆◆

O_2 CAN DO
ODER: SAUERSTOFF ZUM TELEFONIEREN?

Dieser Claim war insbesondere für das Medium Fernsehen wichtig und hilfreich, weil durch das gesprochene Wort in Verbindung mit Schriftzug bei der Einführung der Mobilfunk-Marke zunächst einmal die Aussprache von O_2 erklärt wurde. Ansonsten wäre gar nicht klar, wie man den Markennamen aussprechen soll: als Ohhh-Zwei oder Null-Zwei oder Zero-Two oder eben als Ohhh-Two. Da wird die Bedeutung zweitrangig. Dennoch ist sie untersucht worden, und trotz des Reimes konnte 2003 weniger als ein Drittel (dreißig Prozent) den Sinn dieses Spruches erkennen. Einige kamen zu merkwürdigen, wenngleich inhaltlich manchmal unbestreitbaren Interpretationen wie:

- ◆ Mit Sauerstoff kann man arbeiten
- ◆ Kannst du (schon) O_2?

Wörtlich übersetzt hieße der Spruch „O_2 kann (es) machen", besser interpretiert als:

- ◆ O_2 bringt's

Hier ist allerdings aus Sicht der Marke eine wörtliche Übersetzung weniger wichtig als in anderen Fällen. Entscheidend war anlässlich der Markeneinführung 2002 zunächst einmal, dem Markt mitzuteilen, dass die Abkürzung O_2 nicht (nur) als chemische Bezeichnung für das Sauerstoff-Molekül dient, sondern auch für Telekommunikation stehen soll.

DO YOU YAHOO?
ODER: WAS MACHT MAN EIGENTLICH MIT YAHOO?

YAHOO ist einer der bekanntesten Internetdienste, der schon 1995 in den USA gegründet wurde. Um den Claim übersetzen zu können, müsste man eigentlich zunächst klären, was die Vokabel „yahoo" heißt, wenn es sie denn überhaupt gibt.
Dazu existieren unterschiedliche Geschichten. Die Firma selbst bezieht den Namen auf Jonathan Swifts Roman „Gullivers Reisen", in dem Gulliver auch auf einer Insel strandet, auf der Pferde in Häusern wohnen und menschenähnliche Wesen, Yahoos genannt, zum Reiten und Kutschieren genutzt werden – wie sonst normalerweise Pferde. Dieser Name leitet sich wiederum von dem umgangssprachlichen Begriff „to yahoo" ab, der für „ungezogen sein", aber auch für „krakeelen" steht – und normalerweise nicht zum Vokabular an unseren Schulen zählt. Kritische Stimmen bezeichnen den Namen YAHOO auch als Akronym für „Yet Another Hierarchical Officious Oracle" (Noch ein weiteres hierarchisches, aufdringliches Orakel).
Aber die ursprüngliche Bedeutung des Begriffes ist hier gar nicht relevant. YAHOO reagierte mit diesem Claim, der schon im Jahr 2000 eingeführt wurde, auf einen jüngeren Konkurrenten, der erst 1998 den Markt betrat, aber bereits

zwei Jahre später YAHOO in mehreren Geschäftsfeldern – vor allem in dem der Suchmaschinen – überflügelt hatte. Gemeint ist GOOGLE. Und mit dem Namen GOOGLE passierte – sogar gegen den ausdrücklichen Willen des Unternehmens – etwas, was YAHOO ins Hintertreffen geraten ließ: GOOGLE wurde zum Verb; „to google" oder auch deutsch „googeln" wurde zum Synonym für die systematische Internetsuche.

Also wollte YAHOO mit dem Claim *„Do You Yahoo?"* versuchen, seinen Markennamen auch als Verb zu etablieren – als Bezeichnung für die Nutzung von YAHOO. Mit eher geringem Erfolg. Denn in Deutschland verstanden das noch 2003 ca. 85 Prozent nicht. Einige versuchten sich nach der entsprechenden Aufforderung an der Übersetzung, unter anderem mit folgenden Ergebnissen:

♦ Kennst du Yahoo?
♦ Schließ dich Yahoo an!

Gemeint war aber „Nutzt du (schon) Yahoo?". Allerdings wurde das Verb im allgemeinen Sprachgebrauch nicht angenommen, weder in den USA noch in Deutschland. Dafür gibt es eine Reihe von Gründen:

• In Deutschland verlangen die Flexionsregeln für Verben eine (phonetisch) konsonantische Endung („Yahooen" würde sich sehr merkwürdig anhören).

• „Googeln" stand und steht für eine klar identifizierbare Tätigkeit, nämlich für „mit einer Suchmaschine arbeiten", insofern brachte die Nutzung auch sprachökonomische Vorteile, weil das neue Wort deutlich kürzer war. Hingegen bot YAHOO damals zwar auch eine Suchmaschine an, aber eben auch eine Fülle anderer Dienstleistungen wie E-Mail-Services etc. Insofern wäre gar nicht klar gewesen, für was „Yahooen" denn genau stehen sollte.

Das Beispiel zeigt, dass Sprachverhalten sich nicht so einfach oktroyieren lässt, sondern eigenen Gesetzen folgt.

TURN ON TOMORROW
ODER: EINSCHALTEN UND UMDREHEN?

Der südkoreanische Mischkonzern SAMSUNG ist bei deutschen Endverbrauchern hauptsächlich durch seine Unterhaltungselektronik bekannt. Eben diese Sparte wirbt auch in Deutschland, Österreich und der Schweiz mit dem Spruch *„Turn on tomorrow"*. Eigentlich sind dies keine besonders schweren oder seltenen Vokabeln, aber dennoch konnten bei einer Stichprobe nur etwa die Hälfte der Befragten diesen Claim im Sinne von SAMSUNG übersetzen. Fehlversuche lauteten unter anderem:

- ◆ Morgen angetörnt sein
- ◆ Schalte morgen ein

Der letzte Versuch geht zwar in die richtige Richtung, aber auch hier kommt es auf die Nuancen an, um die Bedeutung zu verstehen, denn gemeint ist nicht einfach „morgen", sondern „das Morgen" im Sinne vom „die Zukunft": SAMSUNG möchte seinen Kunden mitteilen, dass die Technik von morgen in den Geräten ihrer Marke heute schon zu finden ist.

Sicherlich trägt die Integration des englischen Wortes „turn" als „törnen" in die deutsche Sprache mit dazu bei, dass derartige Missverständnisse auftauchen, wird doch dieser Anglizismus nicht im Sinne von „ein-" oder „anschalten", sondern eher als „antörnen", d. h. anmachen im übertragenen Sinn verstanden.

◆◆◆

MAKE.BELIEVE.
ODER: WIE MAN ZWEI WÖRTER ÜBERFORDERT

SONY ist eine der ersten japanischen Weltmarken. Das Unternehmen wurde kurz nach dem zweiten Weltkrieg 1946 als Tōkyō Tsūshin Kōgyō Kabushiki Kaisha (in etwa „Tokioter Kommunikationsunternehmen") gegründet. Seit 1955 wurden alle Produkte unter dem Markennamen SONY vertrieben; und 1958 übernahm auch das Unternehmen selbst diesen Namen. Damit war es das erste japanische Unternehmen mit einem westlichen, d. h. auch in Japan in lateinischen Buchstaben dargestellten Markennamen. Über den Ursprung des Namens gibt es unterschiedliche Geschichten. Zum einen wurden die amerikanischen Besatzungssoldaten in Japan aufgrund des häufigen Vornamens auch schon mal „Jonny" genannt (ähnlich wie Engländer in Deutschland „Tommy"). Demnach stand Jonny = Sony für westliche Lebensart. Zum anderen wird von einer ähnlichen Ableitung berichtet, die von einem Modewort der Fünfzigerjahre stammen soll und zwar von dem englischen Ausdruck „Sunnyboy". Wie dem auch gewesen sein mag, auf jeden Fall orientierte sich der Name eindeutig an der westlichen Kultur, was nach dem verlorenen Krieg der Japaner durchaus zu Diskussionen führte. Letztendlich zahlte sich diese Entscheidung aber aus.
Spätestens seit den Siebzigerjahren des letzten Jahrhunderts zählt SONY zu den Weltmarken der Unterhaltungselektronik. Eine der wesentlichen Markeneigenschaften lag in der Miniaturisierung und einfachen Bedienbarkeit seiner Produkte. Einen wichtigen Meilenstein bildete dabei 1979 die Einführung des „Walkman", eines sehr kleinen, tragbaren Kassettenrekorders, dessen Name schnell zum Synonym für derartige Gerätschaften wurde.

In Deutschland ist SONY auch über den reinen Vertrieb von Produkten stark engagiert; besonders bekannt ist das SONY-Center im neuen Zentrum Berlins. Bis in die Achtzigerjahre hinein warb SONY in Deutschland ausschließlich in der deutschen Sprache. Der letzte bekanntere deutsche Claim kam 1984 heraus und lautete *„Sony macht den Sound"*.

1988 hieß es dann zum ersten Mal rein englisch *„It's a Sony"*, was nach mehreren unterschiedlichen Claimversuchen 2003 dann erweitert wurde in: *„It's not a trick, it's a Sony"* („Es ist kein Trick, es ist ein Sony"). Das ist tatsächlich einer der wenigen englischen Sprüche, der auch in Deutschland von einer Mehrheit verstanden wurde.

2009 kam SONY aber mit einem ganz neuen „Corporate Claim" (ganzheitlichem Unternehmensmotto) auf den Markt, nämlich *„Make.Believe"*, bei dem das Verständnis nicht so selbstverständlich war – trotz der Tatsache, dass der Spruch ja nur aus zwei Vokabeln besteht, denen die meisten Deutschen im Englischunterricht irgendwo schon mal über den Weg gelaufen sein müssten.

Dementsprechend lauteten die meisten Übersetzungsversuche:

◆ Mache. Glaube.
vereinzelt aber auch:
    ◆ Werde gläubig!

Legt man aber die Angaben des Unternehmens zu dem Claim zugrunde, dann konnte *keiner* der befragten deutschsprachigen Konsumenten und Konsumentinnen diesen Spruch übersetzen, geschweige denn verstehen.

In einer Pressemitteilung anlässlich der Internationalen Funkausstellung (IFA) 2009 in Berlin erklärt SONY diesen Spruch, der übrigens – so die Pressemitteilung – *„make dot believe"* ausgesprochen werden soll. Darin erklärt Sir Howard Stringer, der Vorstandsvorsitzende der SONY Corporation, dass ein allumfassendes und einheitliches Markenimage wichtiger denn je sei und sich in dem neuen Claim konzentriere. Wörtlich heißt es in der Pressemitteilung weiter:

„‚make.believe' wird nicht nur den innovativen Geist unserer Mitarbeiter und Produkte beflügeln – der neue Claim wird uns auch von unseren Mitbewerbern differenzieren und Konsumenten weltweit dazu inspirieren, sich von allem, was Sony zu bieten hat, begeistern zu lassen."

Haben Sie das verstanden? Wenn nicht, gibt es noch eine weitere Erklärung in dieser Pressemitteilung, die auch explizit auf die Wortwahl Bezug nimmt:

„‚believe' ist die Kraft der Inspiration, während ‚make' die Umsetzung dieser Inspiration in Produkte und Erlebnisse für die Kunden symbolisiert. ‚dot' ist die Verbindung und der Ort, wo beides aufeinandertrifft – und die Magie entsteht."

Wenn Sie jetzt immer noch nicht wissen, wie Sie diesen Spruch nun übersetzen sollen, dann geht es Ihnen ähnlich wie mir, der ich als Werbeprofi in Deutschland und den USA schon einiges erlebt habe. Demzufolge wurde in Vorbereitung dieses Buches die Pressestelle von SONY um Auskunft gebeten. Es bedurfte aber genau acht Telefonate und diverse E-Mails, bis eine Auskunft erhältlich war. Demnach soll der Claim mit:

◆ Alles, was du dir vorstellen kannst

übersetzt werden.

An dieser Stelle sei die Frage erlaubt, ob es nicht im Sinne der Werbebotschaft sinnvoller gewesen wäre, gleich die Übersetzung zu wählen.

Die Top Ten der Werbesprache

And the winner is ...

SALE

Nein, damit ist kein Nebenfluss der Elbe gemeint, auch keiner mit Tippfehler, und es hat auch nichts mit Sälen zu tun. Vielmehr heißt „to sale" (sprich säil) nichts anderes als „verkaufen" und „ist eben der „Verkauf".

Da ist es schon verwunderlich, dass seit einigen Jahren fast jedes Bekleidungsgeschäft mit SALE wirbt, in den Schaufenstern wie in den Warenauslagen. Eine Zählung in der Kölner Schildergasse, einer der beliebtesten Einkaufstraßen Deutschlands, ergab im Juni 2010 auf 300 Metern 150 Mal das Wort SALE einzig und allein in und an Schaufenstern sowie auf von außen sichtbarer Werbung. Tatsächlich verzichtete nur ein einziges Geschäft auf diesen Begriff, das war übrigens eine Filiale der Schuhkette DEICHMANN, die allerdings an anderer Stelle mit englischer Werbung auffällt.

„Sale" wird insbesondere von Amerikanern gerne in vielen Kombinationen benutzt. Bekannt ist zum Beispiel:

4sale (für: *for sale = zu verkaufen*) steht sehr häufig – insbesondere während der amerikanischen Immobilienkrise – auf kleinen Schildern in den Vorgärten

garage sale ist eine Art privater Flohmarkt, den Amerikaner gerne vor ihrer Haustür (oder eben in der Garage) veranstalten

summer sale/winter sale = Sommer-(schluss-)verkauf und Winter-(schluss-)verkauf

final sale: Ausverkauf

Die inflationäre Verwendung des Begriffes verwundert vor allem deshalb, weil doch allgemein bekannt ist, dass in Geschäften etwas verkauft wird. Das müsste man eigentlich nicht dranschreiben.

Nun heißt aber das Substantiv „sale" nicht nur „Verkauf", sondern auch „Verkaufsaktion" (in dessen Rahmen reduzierte Waren angeboten werden). So gesehen benutzen die meisten Ladengeschäfte dieses Wort synonym für „reduziert" – insbesondere seitdem in Deutschland im Rahmen der Änderung der Rabattgesetze der Sommer- und Winterschlussverkauf abgeschafft wurde. Es scheint, als wären damit auch gleichzeitig Wörter wie „Ausverkauf" und „Schlussverkauf" verpönt. Damit aber auch alle wissen, was gemeint ist, übersetzen viele den Begriff „sale" zusätzlich für ihre Kunden. So schrieb GALERIA KAUFHOF im Sommer 2010 auf alle Plakate und Poster unter das Wort „sale" in eckigen Klammern „[reduziert]". Hätte man da vielleicht ein Wort einsparen können?

Ganz konfus wird es, wenn – wie häufig zu beobachten – das Wort „sale" mit anderen Angaben kombiniert wird, z.B. als „SALE – bis zu 50 Prozent reduziert" (auch bei GALERIA KAUFHOF beobachtet). Wird jetzt hier der Verkauf reduziert oder doch der Preis? Und wenn der Preis reduziert wird, warum sagt man das dann nicht?

Das Erste, was man als Werber lernt, ist, Werbeaussagen einfach zu gestalten, denn jeder Deutsche wird durchschnittlich am Tag mit ca. 3000 Werbebotschaften konfrontiert (es sei denn, er befindet sich auf einer ganztägigen Waldwanderung oder in einer Klosterzelle) – da ist es von Vorteil, wenn der potentielle Kunde nicht lange nachdenken muss. Schließlich nimmt er von den 3000 Botschaften nur drei bis maximal dreißig bewusst wahr.

Da darf man fragen, ob sich der deutsche Einzelhandel mit dem extremen Strapazieren des Wortes SALE einen Gefallen tut; zumal – neben der komplizierteren Kommunikation – Werbung auch immer Unterscheidung vom Wettbewerber bedeutet. Aber wenn alle SALE anbieten, vom Ramschladen bis zur Edelboutique, dann funktioniert das nicht.

Gute Werbung, schlechte Werbung – Warum Englisch häufig die zweitbeste Lösung ist

Die Werbewirkungsforschung ist ein weites Feld, das wahrscheinlich niemals ganz bestellt sein wird. Das ist auch gut so, sonst wäre vielleicht bald jede Werbung gleich und würde sich allein schon dadurch in ihrer Wirkung aufheben.

Bei allen verschiedenen Theorien und Forschungsansätzen gilt als unumstritten, dass gute Werbung positive Emotionen auslösen muss, um Handlungs- und vor allem Kaufimpulse zu erzeugen.

Wir glauben zwar meistens selbst, dass Wissen über Produkte und ihr Preis unser Kaufverhalten bestimmt; in Wahrheit sind es aber Emotionen, die eine viel größere Rolle bei Kaufentscheidungen spielen. Anderenfalls wäre es schwer zu erklären, warum zum Beispiel AUDI auch mit den Modellen Erfolg hat, die es in annähernd gleicher technischer Qualität und Größe deutlich günstiger von SKODA zu kaufen gibt, oder warum PERSIL so häufig gekauft wird, wenn doch Warentests der billigeren ALDI-Nord-Marke UNA gleiche Qualitäten bescheinigen.

Die meisten Produkte unterscheiden sich faktisch kaum voneinander. Das kann man besonders gut durch Blindtests, beispielsweise von Getränken, belegen, die selten mit geschlossenen Augen der Herkunftsmarke sicher zugeordnet werden können. Das gilt keineswegs nur für Lebensmittel, sondern für technische Produkte ebenso wie für Textilien und viele Dienstleistungen. Darum sind Marken und die Werbung, die diese Markenwelten aufbaut, so wichtig für die Identität von Produkten und für die Orientierung der Verbraucher.

Zweifellos vermag auch englische Werbung, die man nicht

versteht, Emotionen auszulösen – ebenso wie englische Popmusik emotionalisieren kann, ohne dass man den Text kennt. Zugegeben, der Vergleich hinkt ein wenig, weil bei Popmusik der Melodie und dem Rhythmus mindestens die gleiche, wenn nicht sogar eine höhere emotionalisierende Wirkung zukommt als dem Text. Zwar bewegen sich auch Werbetexte nicht im luftleeren Raum, sondern sind Teil von Bilderwelten, Werbespots oder Produktdarstellungen. Allerdings sind diese Bilderwelten häufig austauschbar, wenn wir an die vielen Bilder von Natur, fröhlichen Menschen, blauem Himmel und schönen Landschaften denken.

Deshalb ist die Sprache der Werbung so wichtig. Das beginnt beim Markennamen, geht über den Claim bis zu den sonstigen Texten in Anzeigen und Werbespots. Es gibt eine Reihe von Belegen dafür, dass die Muttersprache der jeweiligen Zielgruppe immer die emotional stärkere Sprache ist. Das zeigt sich an folgenden, für jeden nachvollziehbaren Beispielen:

Das in Deutschland meistverkaufte Musikstück der ersten Dekade des neuen Jahrtausends war mit Abstand ein deutschsprachiger Song zweier Österreicher, nämlich „Ein Stern (der deinen Namen trägt)" von DJ Ötzi und Nik P. Das meistverkaufte Album stammte übrigens von Herbert Grönemeyer mit dem Titel „Mensch". Also alles Titel, die jedermann mitsingen kann, was automatisch einen höheren Emotionalisierungsgrad auslöst.

Eine Studie der Universität Dortmund hat bereits 2004 die Änderung des Hautwiderstands beim Abspielen von ausgewählten deutschen und englischen Werbetexten untersucht und verglichen. Die Veränderung misst die Stärke der durch die Werbung ausgelösten Gefühle – ein Prinzip, wie es sich zum Beispiel auch der Lügendetektor zunutze macht. Insgesamt zehn Claims – je fünf englische und fünf deutsche – wurden 24 Probanden vorgespielt. (Diese Stichprobengröße ist bei Einzelversuchen mit Elektroden üblich und international anerkannt.) Dabei reagierten die Versuchspersonen, unabhängig von Alter, Geschlecht oder Bildung, signifikant stärker auf die deutschen als auf die englischen Sprüche.

Das verwundert nicht, denn Werbesprüche wirken insbesondere dann gut, wenn sie sich auf das Alltagsleben der Verbraucher übertragen lassen. Die Lebenswirklichkeit wird hierzulande in aller Regel von der deutschen Sprache geprägt. Englisch wirkt häufig aufgesetzt und dadurch weniger glaubwürdig. Man glaubt einem Franz Beckenbauer einfach nicht, dass er auch in seinem normalen Leben zu irgendjemand „*Colour your life*" sagt (wie in der SAT.1-Eigenpromotion), ebenso wie kein Deutscher Opelfahrer zu seiner Frau sagen würde: „Schatz, lass uns mal die Citylimits exploren" (vgl. „*Explore the City Limits*", OPEL ANTARA). Diese Sprüche wirken am Leben vorbei. Schaut man sich hingegen Werbe-Klassiker an, wie:

Nichts ist unmöglich.	(TOYOTA)
Nicht immer, aber immer öfter.	(CLAUSTHALER)
Wer wird denn gleich in die Luft gehen ...	(HB)
Quadratisch, praktisch, gut	(RITTER SPORT)
Da weiß man, was man hat!	(PERSIL)
Er läuft und läuft und läuft	(VOLKSWAGEN)

aber auch neuere deutsche Claims wie:

Wohnst Du noch oder lebst Du schon?	(IKEA)
3...2...1...meins!	(EBAY)
Ich bin doch nicht blöd	(MEDIAMARKT)
Das Beste oder nichts	(MERCEDES-BENZ)
Unterm Strich zähl ich	(POSTBANK)

dann sind dies nicht nur Sprüche, die man sich leichter merkt, sondern auch welche, die man in allen möglichen und vielleicht auch unmöglichen Zusammenhängen zitieren kann. Allein die Merkfähigkeit zeigt die besondere Nachhaltigkeit von Claims in der Muttersprache gegenüber englischen

Claims. Natürlich lässt sich diese Erkenntnis nicht pauschal auf alle Claims anwenden: Im Zweifel ist ein guter englischer Claim nachhaltiger als ein schlechter deutscher. Gut und schlecht sind allerdings sehr unwissenschaftliche Maßstäbe für die Qualität von Claims.

Der Einsatz von Englisch kann in bestimmten Fällen und für gewisse Branchen sinnvoll sein. Zum Beispiel im Umfeld von Trendsportarten, deren gesamte Terminologie ohnehin aus Englisch besteht, oder eben im internationalen „Business-to-Business"-Bereich. In der Endverbraucherwerbung, die sich an die Mitte der Gesellschaft richtet, fährt man meist mit der Muttersprache der Zielgruppe besser. Es sei denn, die zu bewerbenden Produkte bauen auf ein spezifisches englisches oder amerikanisches Image auf, wie etwa die Marken AFTER EIGHT oder HARLEY-DAVIDSON.

Die Mischung von Deutsch und Englisch zu einer Art „Denglisch-Werbung" ist immer riskant. Es kann für englisch-verstehende Menschen durchaus lustig sein, wenn die Berliner Stadtreinigungsbetriebe (BSR) mit dem Spruch „We kehr for you" werben, eher peinlich wird es allerdings, wenn z. B. die Gemeinde Oberstaufen im Allgäu ihren Google-Street-View-Start mit dem Claim „O'viewed is!" (offensichtlich in Anlehnung an den Oktoberfestspruch „O'zapft is!") verkündet. Auch Sprüche wie „Wir beaten alles" oder „Fresher is besser" bringen die jeweilige Werbung leicht auf Niedrigstniveau à la „Futtern wie bei Muttern" und „Döner macht schöner", wobei letztere Sprüche wenigsten von allen verstanden werden.

Sorgten die Ergebnisse unserer ersten Claimstudie noch für große Verwunderung bei uns Initiatoren, die mehrfache Kontrollprüfungen nach sich zogen, so ist der Grad der Verwunderung mit jeder weiteren Studie deutlich gesunken, weil die Ergebnisse jeweils ähnlich ausfielen.

Bedenkt man, dass auch deutsche Claims keineswegs immer

„im Sinne der Absender" verstanden werden, so muss bei einem fremdsprachigen Claim immer ein *doppelter Transferaufwand* betrieben werden, es sei denn, es handelt sich bei der Zielgruppe ausschließlich um bilingual aufgewachsene Konsumenten, was extrem selten der Fall sein dürfte.

Werbesprache wird – unabhängig von der Landessprache – häufig dahingehend überschätzt, dass immer noch viele Werbetexter meinen, Verbraucher würden sich mit ihren Sprüchen auseinandersetzen. Dass das aber in der Regel nicht der Fall ist, zeigt schon die nicht stattfindende Auseinandersetzung mit bestimmten Markennamen:

Niemand fragt, welche Rinderteile in RED BULL verarbeitet werden, wie viele Tauben in einer Seifenlotion von DOVE stecken oder in welchen Muschelbänken SHELL sein Öl fördert. Umso weniger setzen sich die Konsumenten mit englischen Sprüchen auseinander. Und je länger diese Texte sind, umso weniger kommt beim Verbraucher an.

Ein besonders schönes Beispiel für viele englische Worte, über deren Sinn der Verbraucher im Unklaren gelassen wird, gibt die Schuhmarke AM ab. AM stand einst für „Astormüller" und stammt aus Essen. Inzwischen wurde die Marke von der DEICHMANN-Gruppe aufgekauft und wirbt zusammen mit DEICHMANN in Deutschland in ganzseitigen Anzeigen nationaler Magazine ausschließlich in Englisch. Für die gesamte Kollektion gibt es gleich vier sehr ähnliche Sprüche, die meist zusammen mit Fotos eines in sich gekehrten, etwas verrockten jungen Mannes zu sehen sind und immer in Versalien dargestellt werden:

I AM DIFFERENT AND I DON'T CARE WHO KNOWS IT.
IF I WEREN'T ME I WOULD LIKE TO BE LIKE I AM.
I AM NOT LIKE YOU THAT MAKES ME WHAT I AM.
I DON'T CARE WHATEVER PEOPLE SAY I AM.

Fairerweise muss man erwähnen, dass dabei das Wort AM (=

dt. „bin") in rot dargestellt wird und dadurch wahrscheinlich auf die ebenfalls mit einem roten Logo versehene Marke AM hinweisen soll. Alle Sprüche drehen sich darum, dass jemand „anders" ist, das aber mag und ihm egal ist, was die Leute dazu sagen. Eine sinnfällige Auseinandersetzung mit dieser Kampagne fällt schwer. Warum ist der Typ anders? Ist er krank? Hat er einen ungewöhnlichen Fetisch? Oder trägt er nur andere, ansonsten recht normal aussehende Schuhe? Fragen über Fragen, die sich jedoch kein einziger Leser dieser Anzeigen stellt. Gäbe es nicht in einer Ecke ein DEICH-MANN-Logo, wäre noch nicht einmal ersichtlich, dass es um Schuhe geht.

Wahrscheinlich haben sich aber einige Marketingexperten sehr viele Gedanken rund um diese Kampagne gemacht, die prototypisch für ein Phänomen steht, das man allenthalben in der deutschen Werbelandschaft beobachtet. Dieses Phänomen folgt der Philosophie:

* Wenn du nicht weißt, was du sagen sollst, dann sag es in Englisch!
* Wenn du wenig zu sagen hast, pack es in möglichst viele englische Worte!

Diese Philosophie könnte einen großen Vorteil bergen: Wenn keiner die konkrete Botschaft versteht, aber jeder sich das zusammenreimt, was er verstehen möchte, wäre das ein Patentrezept für die individuellste Werbung überhaupt.

Leider funktioniert das in der Realität nicht, wie die Beispiele der Claimstudien gezeigt haben. Pauschale Empfehlungen bleiben schwierig, zumal Englisch nicht gleich Englisch ist und in Einzelfällen durchaus seine Berechtigung hat.

Englisch kann internationaler, moderner und dynamischer wirken – aber eben auch albern, verwirrend und komplizierter; gute deutschsprachige Werbung ist in aller Regel nachhaltiger, authentischer und emotionaler.

Auch wenn eine Marke international unterwegs ist – und im

Prinzip ist heute jeder, der im Internet steht, global präsent – sollte man keine prinzipielle Angst vor dem Gebrauch seiner Muttersprache haben. Auf der einen Seite hört man oft Warnungen vor Umlauten und allzu deutschen Idiomen, auf der anderen Seite feiern Marken wie JÄGERMEISTER große Erfolge in den USA. Wenn alle Marken sich nur noch sogenannte multilinguale Namen geben wie ARCANDOR, LANXESS, NOVARTIS oder EVONIK aus einer Mischung von Neo-Latein, Englisch und Irgendetwas und alle mit dem gleichen – häufig schlechten – Englisch global für sich werben, dann kann eine klar erkennbare kulturelle Heimat einer Marke auch global zum großen Verkaufsvorteil werden. Diese kulturelle Heimat muss nicht immer die wahre Heimat des Unternehmens sein, wie das Beispiel HÄAGEN-DAZS zeigt, aber sie sollte authentisch wirken. Und Authentizität fällt bei Allerweltswerbung in Allerweltsenglisch in der Regel schwer.